配电网二次系统技术问答

国网河南省电力公司经济技术研究院　组编

PEIDIANWANG ERCI XITONG
JISHU WENDA

中国电力出版社
CHINA ELECTRIC POWER PRESS

图书在版编目（CIP）数据

配电网二次系统技术问答 / 国网河南省电力公司经
济技术研究院组编. -- 北京：中国电力出版社，2025.
5. -- ISBN 978-7-5198-9484-9

Ⅰ. TM727-44

中国国家版本馆 CIP 数据核字第 20255K0R75 号

出版发行：中国电力出版社
地　　址：北京市东城区北京站西街 19 号（邮政编码 100005）
网　　址：http://www.cepp.sgcc.com.cn
责任编辑：罗　艳（010-63412315）　高　芬
责任校对：黄　蓓　朱丽芳
装帧设计：张俊霞
责任印制：石　雷

印　　刷：北京九天鸿程印刷有限责任公司
版　　次：2025 年 5 月第一版
印　　次：2025 年 5 月北京第一次印刷
开　　本：710 毫米×1000 毫米　16 开本
印　　张：9.5
字　　数：128 千字
定　　价：70.00 元

编 委 会

主　　任　　刘广袤　　张永斌　　胡玉生

副 主 任　　田春筝　　李　尊　　张晓东　　许长清

委　　员　　杜习超　　毛玉宾　　陈晓云　　张　平　　孙思培　　郝元钊

　　　　　　吴　豫　　董　智　　苗福丰　　吴　博　　李文峰　　于琳琳

　　　　　　黄景慧　　郭建宇　　于秉艺　　刘　洋　　司瑞华　　郑　征

　　　　　　贾　鹏　　李　科　　马　杰　　张琳娟

编写成员名单

主　　编　　张　平　　杜习超

副 主 编　　孙思培　　李德庆　　冯　腾　　孙　静　　王　毅

编写人员　　司瑞华　　刘万勋　　晏昕童　　郑　征　　韩军伟　　周志恒

　　　　　　全少理　　程昱明　　王文豪　　郭新志　　张亚飞　　孙硕北

　　　　　　江　璟　　张蒙晰　　刘文轩　　漆晓霞　　雷煜卿　　李丰克

　　　　　　杨晓晨　　周　楠　　王宏民　　杨安坤　　张筱筠　　许浩伟

　　　　　　郭　璞　　邱　超　　卢　丹　　陈江涛　　苏洋洋

前　言

　　配电网覆盖城乡区域，连接千家万户，是现代经济社会的重要基础设施和新型电力系统的重要组成部分，是推动能源转型的"主战场"和"主力军"。

　　配电网作为新型电力系统的重要组成部分，具备新型电力系统全部要素，承接分布式电源等多元主体的广泛接入、承载新业务新模式的蓬勃发展。未来配电网的物理形态将从单向逐级敷设网络向双向有源、分层分区、多态并存网络转变，数字形态从各专业分散独立采传存用模式向全环节集约采集、透明共享、协同控制、业务融合转变，商业形态从计划为主、价格管制向市场驱动、主体多元、品种多样、互利互赢转变。配电网可控对象向源网荷储全环节扩展。

　　随着能源清洁低碳转型的不断推进和新型电力系统持续深化发展，配电网可靠运行、大电网安全保供、新型主体灵活互动均对电网感知传输和灵活控制能力提出更高要求，要求新型配电系统具备安全高效、清洁低碳、柔性灵活、智慧融合等特征。

　　顺应发展形势，响应变革要求，本书立足配电网二次系统发展需求，以问答的形式，通过通俗易懂的语言及各类标准中相关释义，将配电自动化、继电保护、电能计量、配电通信网、电能质量、数字化、新型运营主体等相关技术展现在大家面前，以期更多的人了解配电网二次系统，助推配电网向数字化、智慧化升级。

　　由于作者水平有限，书中难免有疏忽之处，恳请读者批评指正。

编者

2024 年 12 月

目 录

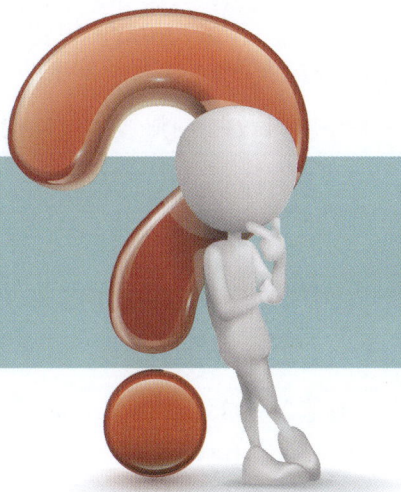

第一章　配电自动化

1. 什么是配电自动化？

配电自动化是指利用先进电气自动化技术，实现对配电系统进行集中控制、智能分析和预测维护的一种技术手段。具体来说，配电自动化是指利用现代电子计算机、通信及网络技术，将配电网的在线数据和离线数据、用户数据、电网结构和地理图形进行信息集成，构成一个完整的自动化系统，实现配电网及其设备在正常运行及事故状态下的监测、保护、控制、管理等。这一技术综合了配电网的基础设施和设备，通过与相关应用系统的信息集成，实现对配电网的监测、控制和快速故障隔离，为配电管理系统提供实时数据支撑。配电自动化的实施旨在提高供电可靠性、改善供电质量、优化运行方式，从而提升电网运营的效率和效益。

《配电自动化技术导则》（DL/T 1406—2015）中对配电自动化进行了定义：以一次网架和设备为基础，综合利用计算机技术、信息及通信等技术，实现对配电网的监测与控制，并通过与相关应用系统的信息集成，实现配电系统的管理。

2. 什么是配电自动化系统？

配电自动化系统是控制自动化与配电网有机成为一体的系统，应用现代电子技术、通信技术、计算机及网络技术，将配电网实时信息、故障判断与隔离、地理信息、电网结构参数进行集成，构成完整的自动化系统，实现配电网正常运行及事故状况下的监视、保护、控制和配电管理。

《配电自动化技术导则》（DL/T 1406—2015）中对配电自动化系统进行了定义：实现配电网的运行监视和控制的自动化系统，具备配电 SCADA（Supervisory Control and Data Acquisition，数据采集与监控）、馈线自动化、分析应用及与相关应用系统互联等功能，主要由配电主站、配电子站（可选）、配电终端和通信通道等部分组成。

3. 什么是配电自动化系统主站？

配电自动化系统主站是配电自动化系统的信息汇集中心和控制中枢，综合采用计算机、网络和通信技术，面向配电网运行管理的业务需求，实现配电网运行监控、拓扑分析、设备与图模管理、馈线故障定位隔离、供电恢复等功能；主要由计算机硬件、操作系统、支撑平台软件和配电网应用软件组成。简言之，配电自动化系统主站是配电自动化系统中布置在控制中心内，对采集到的配电网运行数据进行加工、处理，为调度人员提供配电网运行监视和远方控制与调节的人机界面计算机子系统。

《配电自动化技术导则》（DL/T 1406—2015）中对配电自动化主站进行了定义：主要实现配电网数据采集与监控等基本功能，以及分析应用等扩展功能，为配网调度和配电生产服务，简称配电主站。

4. 什么是配电自动化子站？

配电自动化子站是配电自动化系统中用于采集、处理并向主站转发一个区域范围内配电网自动化终端数据的计算机子系统。

一般情况下，地市供电公司部署配电自动化主站，地市供电公司下辖区、县供电公司可部署配电自动化子站，采用远程工作站方式实现对本地配电网络的监控。配电自动化子站分为通信汇集型子站和监控功能型子站。通信汇集型子站负责所辖区域内配电终端的数据汇集与转发；监控功能型子站负责所辖区域内配电终端的数据采集处理、控制及应用。

《配电自动化技术导则》（DL/T 1406—2015）中对配电自动化子站进行了定义：为优化系统结构层次、提高信息传输效率、便于配电通信系统组网而设置的中间层，实现信息汇集和处理、通信监视等功能。根据需要，配电子站也可实现区域配电网故障处理功能，简称配电子站。

5. 什么是配电自动化终端?

配电自动化终端是配电自动化的重要组成部分，主要应用于 10kV/20kV 配电线路，完成配电线路的运行监测及控制功能，实现对 10kV/20kV 开关站、环网柜、柱上开关、配电变压器等一次设备的实时监控。配电终端采集配电网实时运行数据，识别故障，监测开关设备的运行工况，并进行处理分析，通过有线/无线通信方式上传信息、接收控制指令。

《配电自动化技术导则》(DL/T 1406—2015) 中对配电自动化终端进行了定义：安装在配电网的各种远方监测、控制单元的总称，完成数据采集、控制和通信等功能，主要包括馈线终端、站所终端、配变终端等，简称配电终端。配电自动化终端分类见表 1-1。

表 1-1 配电自动化终端分类

	类别	简称	安装位置
配电自动化终端	馈线终端	FTU（Feeder Terminal Unit）	配电网馈线回路的柱上和开关柜等处
	站所终端	DTU（Distribution Terminal Unit）	配电网馈线回路的开关站、配电室、环网柜、箱式变电站等处
	配变终端	TTU（Transformer Terminal Unit）	配电变压器

6. 什么是馈线终端（FTU）?

馈线终端（Feeder Terminal Unit，FTU），安装在配电网架空线路杆塔等处。早期，按照功能可分为基本型终端、标准型终端和动作型终端。目前，随着一二次融合设备的发展，馈线终端均具备"三遥"功能，根据现场通信条件决定是否开通遥控功能。馈线终端（FTU）分类见表 1-2。

表 1-2　　　　　　　　　　　　馈线终端（FTU）分类

馈线终端（FTU）		类型	
馈线终端（FTU）	早期	基本型终端	用于采集或接收故障指示器发出的线路故障信息，并具备故障报警信息上传功能的配电终端
馈线终端（FTU）	早期	标准型终端	用于配电线路遥测、遥信及故障信息监测，实现本地报警信息上传至主站的配电终端
馈线终端（FTU）	早期	动作型终端	用于配电线路遥测、遥信及故障信息的监测，能实现就地故障自动隔离，并上传信息至主站的配电终端
馈线终端（FTU）	目前	一二次融合设备，均具备"三遥"功能	

《配电自动化系统终端技术规范》（Q/GDW 11815—2023）中对馈线终端进行了定义：安装在配电网馈线回路柱上和开关柜等处，并具有遥信、遥测、遥控和馈线自动化功能的配电自动化终端。

7. 什么是站所终端（DTU）？

站所终端（Distribution Terminal Unit，DTU），安装在配电网开关站、配电室、环网柜、箱式变电站等处。早期，按功能分为标准型终端和动作型终端，目前，随着一二次融合设备的发展，站所终端均具备"三遥"功能，根据现场通信条件决定是否开通遥控功能。具体与表 1-2 同。

《配电自动化系统终端技术规范》（Q/GDW 11815—2023）中对站所终端进行了定义：安装在配电网馈线回路的开关站、配电室、环网柜、箱式变电站等处，具有遥信、遥测、遥控和馈线自动化功能的配电自动化终端。

8. 什么是配变终端（TTU）？

配变终端（Transformer Terminal Unit，TTU），安装于配电变压器，《配电自动化终端设备检测规程》（DL/T 1529—2024）中对配电变压器终端进行了定义：用于配电变压器的各种运行参数的监视、测量的配电自动化终端（简称配变终端）。

9. 配电自动化的基本架构是什么?

《配电自动化技术导则》(DL/T 1406—2015)给出了配电自动化的基本架构:配电自动化系统由主站、终端、子站(可选)和通信通道组成,一般采用两层结构(即主站层和终端层),在选用子站时,可采用三层结构(即主站层、子站层和终端层)。具体如图 1-1 所示。

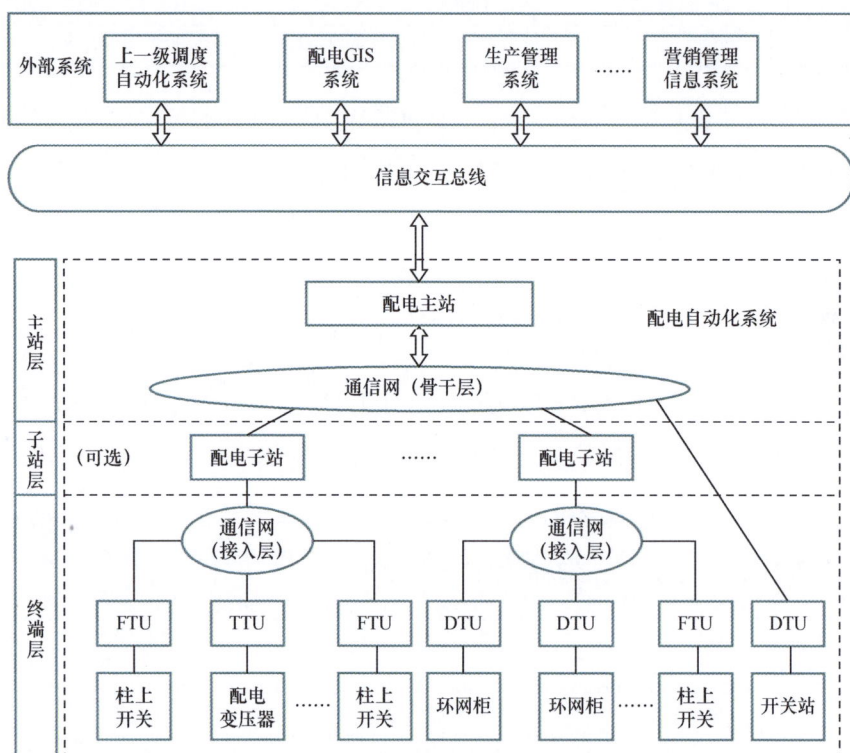

图 1-1   配电自动化系统基本架构图

10. "三遥"功能主要指什么?

"三遥"功能主要指具备遥信、遥测和遥控功能。先解释模拟量和数字量的概念:

模拟量：模拟量是连续的，表示为连续变化的数值，可以包括小数和分数，它们表示实际物理量，如电压、电流、频率等。

数字量：数字量是离散的，表示为一系列离散的数值，通常是整数，它们采用有限的离散值，如 0 或 1 表示逻辑状态，如开关状态（开、关）、告警状态（正常、异常）、阀门位置（开、关）等。

遥信功能：指数字量的采集和处理。通过通信技术远程监控设备的状态信息，如开关状态、告警信号、阀门位置等。这些信息通常是二进制的，即它们表示的是"开"或"关"、"正常"或"异常"等状态。

遥测功能：指模拟量的采集和处理。通过通信技术远程监测设备的模拟量，除电压、电流、功率因数、频率外，还包括零序电压或零序电流等反应系统不平衡程度的电气量。

遥控功能：指接收远方命令并执行操作，改变设备的模拟量或数字量，以改变运行设备的状态，如远程控制开关的开合、调节阀门的开度等。

11. 什么是故障指示器？

故障指示器通过就地故障闪灯或翻牌指示故障，运维人员可以根据此指示器的报警信号迅速定位故障，大大缩短了故障查找时间，有助于快速排除故障和恢复正常供电。

《配电线路故障指示器技术规范》（Q/GDW 436—2010）中对故障指示器进行了定义：安装在配电线路上，用于检测线路短路故障和单相接地故障，并发出报警信息的装置。

12. 为什么要用故障指示器？

配电网线路分支较多，运行方式多变且结构复杂，采用行波测距或阻抗计算很难做到故障定位，导致线路的管理运维和故障抢修工作量大大增加，而故障指示器能让巡线人员按照指示器的报警显示迅速找到故障位置进行处理和恢复,提高了供电可靠性。

输电线路行波:沿输电线路传播的电压波、电流波,其中沿参考方向传播的行波称为正向行波(或前行波),沿参考方向的相反方向传播的行波称为反向波(或反行波)。行波过程由建立在分布参数线路模型基础上的电报方程来描述。

行波测距:利用行波在故障线路上的传播特征确定线路故障位置的技术。

? 13. 故障指示器的工作原理是什么?

《配电线路故障指示器通用技术条件》(DL/T 1157—2019)中对其工作原理进行了概述:

故障指示器一般由 3 只采集单元和 1 只汇集单元组成,采集单元也可独立使用。采集单元安装于配电线路上,监测配电线路的电流和电场强度,根据电流和电场强度的变化自动判断线路故障,并通过翻牌或者闪光的形式指示故障。采集单元能将故障信息等数据发送至汇集单元,汇集单元再将数据上传至主站,并能接收主站下发的信息。故障指示器工作原理如图 1-2 所示。

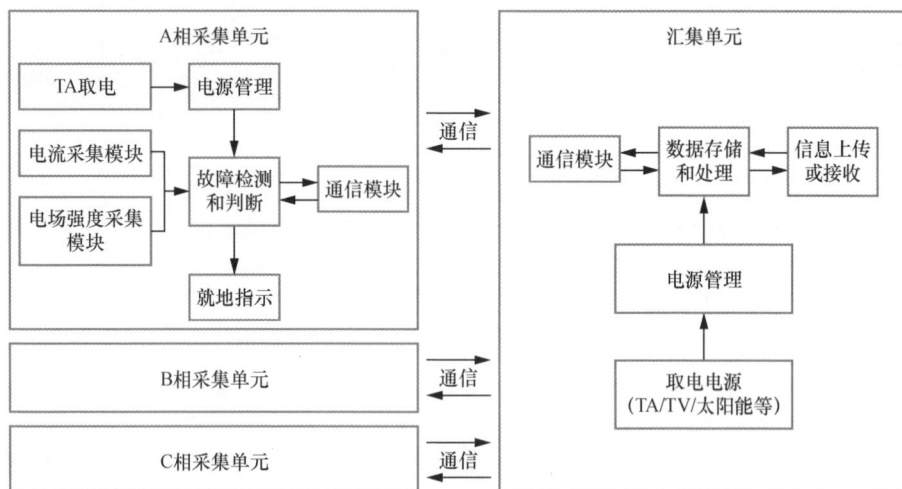

图 1-2 故障指示器工作原理示意图

14. 故障指示器的分类有哪些?

根据故障指示器的安装位置、通信方式和接地故障检测方法的差异，故障指示器分为多种类型。具体如表 1-3 所示。

表 1-3　　　　　　　　　　　故障指示器分类

分类依据	分类	特点
安装位置	架空型	应用在架空线路上，采集单元一般为集传感器、信号传输和就地指示部分于一体的全密闭结构
	电缆型	应用在电缆线路上，采集单元一般为集传感器、信号传输于一体的全密闭结构，具有独立显示单元
通信方式	就地型	由采集单元组成，不含汇集单元，不具备通信功能
	远传型	由采集单元和汇集单元组成，能够实现采集单元与汇集单元、汇集单元与主站的通信
接地故障检测方法	外施信号型	通过与安装在变电站或线路上的投切电阻（$150\sim200\Omega$）配合，检测在线路上的外施故障特征信号
	暂态特征型	检测线路故障发生瞬间暂态电流和电压的变化特征，就地完成故障判断
	暂态录波型	检测线路暂态电流和电压的变化特征并录波，向主站（监控中心）上送
	稳态特征型	通过监测线路的零序电流，就地完成故障判断

15. 什么是外施信号型故障指示器?

外施信号型故障指示器通过在变电站接地变压器中性点或母线/出线上安装信号源，在配电线路发生短路或接地故障时，信号源自动投入并产生特殊的电流信号，安装在线路上的故障指示器通过检测这些特征信号来判断故障位置，广泛应用于配电网中，尤其是在中性点小电流接地系统中。外施信号型故障指示器工作原理见表 1-4。

表 1-4   外施信号型故障指示器工作原理

步骤	工作原理
信号源的引入	信号源通常由单相开关与小电阻串联组成，连接在三相母线上。当发生单相接地故障时，信号源通过反复闭合和断开开关制造交流脉冲信号
故障检测	在故障发生时，信号源产生的电流脉冲会沿着故障线路流动。安装在线路上的故障指示器通过检测这些特征电流脉冲来判断故障位置
故障定位	故障指示器通过检测到的电流信号，结合设定的判别依据（如电流突变、接地特征信号等），综合判断故障类型和位置，并将信息发送至主站系统进一步分析和定位

16. 什么是暂态特征型故障指示器？

暂态特征型故障指示器通过检测故障发生瞬间的暂态特征信号（如电流突变、电压突变等），判断故障类型和位置。暂态特征型故障指示器工作原理见表 1-5。

表 1-5   暂态特征型故障指示器工作原理

步骤	工作原理
信号检测	当线路发生故障时，故障指示器会捕捉到故障产生的暂态特征信号，如电流突变、电压突变等
信号处理	通过内置的信号处理算法对检测到的信号进行分析和处理，提取故障特征
故障判断和定位	根据暂态特征信号的分析结果，判断故障类型和故障位置，将故障信息上传至主站

17. 什么是暂态录波型故障指示器？

暂态录波型故障指示器能够在故障发生时自动记录故障时刻前后的电流、电压等电气量波形，并将数据上传至主站系统。暂态录波型故障指示器工作原理见表 1-6。

表 1-6   暂态录波型故障指示器工作原理

步骤	工作原理
录波启动条件	当线路发生故障或电气量发生明显变化时，故障指示器的采集单元会启动录波，记录故障前后的电流、电压等电气量
数据采集与传输	采集单元通过高速采样记录波形数据，并将数据传送至汇集单元，汇集单元将数据上送至主站
故障判断和定位	主站系统通过分析上传的波形数据，判断故障类型、故障定位以及继电保护动作信息，从而实现快速故障定位

18. 什么是稳态特征型故障指示器？

稳态特征型故障指示器通过监测线路的稳态零序电流来判断是否发生接地故障，当线路发生故障时，稳态零序电流会超过设定的阈值，从而触发故障指示器的报警功能。稳态特征型故障指示器工作原理见表 1-7。

表 1-7   稳态特征型故障指示器工作原理

步骤	工作原理
电流监测	实时监测线路的负荷电流和零序电流。在发生单相接地故障时，线路的稳态零序电流会显著增加
故障判断	通过设定的阈值判断稳态零序电流是否超过正常范围，以确定是否发生接地故障
故障指示	一旦检测到故障，指示器会通过闪光或其他方式发出警报，提示维护人员进行检查

19. 外施信号型、暂态特征型、暂态录波型、稳态特征型故障指示器的区别有哪些？

分别从故障检测能力、应用场景、技术特点几个方面对外施信号型、暂态特征型、暂态录波型及稳态特征型故障指示器进行了对比，具体如表 1-8 所示。

表 1-8   四种故障指示器的区别

类型	故障检测能力			应用场景	技术特点
	短路故障识别率	接地故障识别率	优点		
外施信号型	较好	一般	故障识别率高，无须复杂算法	适用于故障识别精度要求高，且变电站可配合安装信号源的场景	需要额外信号源，采集单元结构简单
暂态特征型	较好	差	价格低，适合大规模应用	适用于成本敏感、对短路故障检测要求高的架空线路	基于暂态信号检测，价格低廉，但对接地故障的识别能力有限
暂态录波型	好	较好	故障识别率高，能提供详细波形数据	适用于需要高精度故障定位和详细故障分析的配电网，尤其是中性点不接地或小电阻接地系统	高速采样，支持三相同步对时，低功耗设计，支持远程通信和主站分析
稳态特征型	较好	一般	成本低，响应快	适用于需要快速响应和低成本的架空线路和电缆线路	低功耗，响应速度快，适合就地指示，部分支持远传功能

20. 什么是馈线自动化（FA）？

馈线自动化（Feeder Automation，FA）是配电自动化的重要组成部分，通过在配电网馈线系统中安装自动化设备和通信系统，实现对配电网的实时监控、故障检测、故障隔离以及非故障区域的快速恢复供电等功能，其核心目标是提高配电网的供电可靠性、运行效率和管理水平。表 1-9 给出了馈线自动化的主要功能。

表 1-9   馈线自动化主要功能

馈线自动化	正常运行时的主要功能		故障发生时的主要功能	
	实时监控	监视馈线分段开关和联络开关的状态，以及线路的电流、电压等运行参数	故障检测与定位	快速检测故障并准确定位故障区域

	正常运行时的主要功能		故障发生时的主要功能	
馈线自动化	远程控制	通过主站系统对开关设备进行远方或就地合闸、分闸操作	故障隔离	通过自动化开关动作，将故障区域隔离，防止故障扩大
	数据采集与分析	采集线路的电流、电压、功率等数据，并进行分析，为电网运行提供决策支持	非故障区域恢复供电	自动恢复非故障区域的供电，减少停电范围和时间
	设备状态监测	对设备的运行状态进行监测，及时发现潜在故障	瞬时故障处理	对瞬时性故障，通过自动重合闸恢复供电

《配电网分布式馈线自动化技术规范》(DL/T 1910—2018)中对馈线自动化进行了定义：利用自动化装置或系统，监视配电网的运行状况，及时发现配电网故障，进行故障定位、隔离，恢复非故障区域供电。

21. 馈线自动化与配电自动化区别有哪些?

馈线自动化是配电自动化系统的重要组成部分，主要针对配电网中的馈线部分，通过自动化设备和通信技术，实现馈线的实时监控、故障检测、故障隔离以及非故障区域的快速恢复供电。其核心功能包括故障定位、隔离和恢复供电，从而显著提高供电可靠性。

配电自动化是一个更广泛的概念，涵盖了配电网的全面自动化管理，包括数据采集、监控、故障处理、设备管理等多个方面。其目的是通过智能化手段提升整个配电网的运行效率、可靠性和经济性。馈线自动化与配电自动化的区别见表1-10。

表 1-10　　　　　　　　馈线自动化与配电自动化的区别

类别	馈线自动化	配电自动化
功能范围	功能范围相对较窄，集中在配电网的馈线部分，专注于故障检测、故障定位、故障隔离以及非故障区域的快速恢复供电	功能范围更广，涵盖配电网的全面自动化管理，包括数据采集、监控、故障处理、设备管理等多个方面

续表

类别	馈线自动化	配电自动化
核心目标	快速处理馈线上的故障，减少停电时间和停电范围，提高供电可靠性	提升整个配电网的运行效率、可靠性和经济性，优化配电网的运行状态，支持智能电网的建设
应用场景	主要针对中压馈线	适用于整个配电网，包括馈线、配电变压器、用户终端等

22. 馈线自动化有哪些分类?

馈线自动化按信息处理方式可分为主站集中式、就地重合式和智能分布式。馈线自动化具体分类见表 1-11。

表 1-11　　　　　　　　　　馈线自动化具体分类

		分类
馈线自动化	主站集中式	半自动型馈线自动化
		全自动型馈线自动化
	就地重合式	电压时间型馈线自动化
		电压电流时间型馈线自动化
		自适应综合型馈线自动化
	智能分布式	速动型分布式馈线自动化
		缓动型分布式馈线自动化

23. 什么是主站集中式馈线自动化?

主站集中式馈线自动化依赖于完善的主站系统、通信网络和终端设备，借助通信网络，通过终端设备和主站系统的配合，在发生故障时依靠主站系统判断故障区域，并通过自动遥控或人工方式隔离故障区域，恢复非故障区域供电。

因此，根据自动化程度的不同，可以分为全自动和半自动两种方式。全自动与半自动集中馈线自动化的区别见表 1-12。

全自动集中式馈线自动化：指在故障发生时，主站系统能够自动完成故障的识别、定位、隔离以及非故障区域的恢复供电，无需人工干预。

半自动集中式馈线自动化：指在故障发生时，主站系统能够自动完成故障的识别和定位，但故障隔离和恢复供电需要人工确认或操作。

表 1-12　　　　　　　全自动与半自动集中馈线自动化的区别

类别	全自动	半自动
实现方式	完全自动化：故障检测、定位、隔离和恢复供电的全过程均由主站系统自动完成，无需人工干预	半自动化：主站系统仅完成故障检测和定位，故障隔离和恢复供电需要人工确认或手动操作
响应时间	响应时间短：从故障发生到恢复供电的时间通常在几秒到几十秒内完成	响应时间长：由于需要人工确认和操作，从故障发生到恢复供电时间通常在几分钟到十几分钟
操作流程	故障发生 → 主站系统检测故障 → 故障定位 → 自动隔离故障区域 → 自动恢复非故障区域供电	故障发生 → 主站系统检测故障 → 故障定位 → 提供隔离策略 → 人工确认并执行操作
适用场景	城市中心区、工业园区等对供电可靠性要求较高的区域	网络结构相对简单，或对快速恢复供电要求不高的区域

24. 什么是就地重合式馈线自动化？

就地重合式馈线自动化是一种不依赖主站和通信系统的故障处理模式，由终端收集、处理本地运行及故障等信息，实现故障定位隔离和恢复对非故障区域的供电。包括电压时间型、电压电流时间型和自适应综合型。电压时间型是最为常见的就地重合式馈线自动化模式，根据不同的应用需求，在电压时间型的基础上增加了电流辅助判据，形成了电压电流时间型和自适应综合型等模式。具有不依赖主站和通信、动作可靠、运维简单等特点。

25. 什么是电压时间型馈线自动化?

电压时间型馈线自动化是一种基于电压变化和时间延迟的配电自动化技术，其核心思想是通过监测线路电压的变化，结合预设的时间延迟逻辑，自动判断故障位置并执行相应的操作。

其工作原理可以概括为电压监测、时间延迟逻辑、故障隔离、恢复供电四个步骤，具体如表 1-13 所示。

表 1-13　　　　　　　电压时间型馈线自动化工作原理及步骤

步骤	工作原理
电压监测	通过安装在配电线路上的电压传感器，实时监测线路电压
时间延迟逻辑	当电压下降到设定阈值以下时，系统开始计时
故障隔离	如果电压在设定的时间内仍未恢复，系统会判定该节点为故障点，并断开相应开关，隔离故障区域
恢复供电	故障隔离后，系统尝试恢复上游节点的供电，确保非故障区域的电力供应

26. 什么是电压电流时间型馈线自动化?

电压电流时间型馈线自动化是一种在传统电压时间基础上引入电流判据的馈线自动化技术，它通过监测线路的电压和电流变化，结合时间延迟逻辑，实现故障的快速定位、隔离及非故障区域的恢复供电。相比单纯的电压时间型，电压电流时间型在复杂网络结构中表现更为可靠，能够更准确地处理故障。

电压电流时间型馈线自动化的工作原理如表 1-14 所示。

表 1-14　　　　　　　电压电流时间型馈线自动化工作原理及步骤

步骤	工作原理
电压监测	实时监测线路电压,当电压低于预设阈值时,启动故障判断逻辑
电流判据	当电压下降的同时,检测线路电流是否超过设定的故障电流阈值,如果电流超过阈值,则判断为故障
故障隔离	结合电压和电流的双重判据,设置不同的时间延迟参数。当电压和电流满足故障条件且持续时间超过设定值时,开关动作以隔离故障
恢复供电	隔离故障区域,并尝试恢复非故障区域的供电

27. 什么是自适应综合型馈线自动化?

　　自适应综合型馈线自动化通过"无压分闸、来电延时合闸"方式,结合短路/接地故障检测技术与故障路径优先处理控制策略,配合变电站出线开关二次合闸,实现多分支多联络配电网架的故障定位与隔离自适应,一次合闸隔离故障区间,二次合闸恢复非故障段供电。其工作原理及步骤见表 1-15。

表 1-15　　　　　　　自适应综合型馈线自动化工作原理及步骤

步骤	工作原理
无压分闸与来电延时合闸	无压分闸:当线路电压下降到设定阈值以下时,开关设备自动分闸,防止故障扩大
	来电延时合闸:当线路恢复电压时,开关设备延时合闸,避免因瞬时性故障导致的误合闸
故障检测与隔离	短路/接地故障检测:开关设备通过检测线路的短路电流或零序电压来判断故障类型
	故障路径优先处理:通过开关设备之间的配合,优先隔离故障路径,减少停电范围
	一次合闸隔离故障:当变电站出线开关第一次合闸时,故障区段的开关分闸,隔离故障
恢复供电	二次合闸恢复供电:变电站出线开关第二次合闸时,恢复非故障区段的供电

续表

步骤	工作原理
故障记忆与闭锁逻辑	故障记忆功能：开关设备记录故障电流或电压信息，用于后续的故障处理逻辑
	正向闭锁与反向闭锁：通过闭锁逻辑防止故障区域的误供电，确保故障隔离的可靠性
自适应逻辑	自适应参数调整：开关设备能够根据实时监测的电压、电流和故障信息，自动调整保护参数，适应不同的网络结构和运行方式
	智能决策：通过智能逻辑判断故障类型和位置，优化故障处理策略

为了更好地理解自适应综合型馈线自动化，表 1-16 给出了工作流程。

表 1-16　　　　　　　自适应综合型馈线自动化工作流程

状态	动作
正常工作	开关设备监测线路的电压和电流，保持合闸状态
故障发生	电压下降：当线路电压下降到设定阈值以下时，开关设备延时分闸； 电流检测：同时检测线路电流是否超过故障电流阈值； 故障判断：如果电压和电流满足故障条件，开关设备记录故障信息并分闸
故障隔离	一次合闸：变电站出线开关第一次合闸时，故障区段的开关检测到故障电流后分闸，隔离故障； 闭锁故障区段：故障区段的开关闭锁，防止再次合闸到故障段
恢复供电	二次合闸：变电站出线开关第二次合闸，非故障区段的开关延时合闸，恢复供电； 自适应调整：开关设备根据实时检测的电压、电流信息，自动调整保护参数，确保供电恢复的可靠性

28. 三种就地重合式馈线自动化有哪些区别?

电压时间型、电压电流时间型和自适应综合型馈线自动化是三种常见的馈线自动化技术，它们在原理、功能、应用场景上各有特点，具体如表 1-17 所示。

表 1-17   三种就地重合式馈线自动化的区别

类型	电压时间型	电压电流时间型	自适应综合型
原理	电压＋时间	电压＋电流＋时间	自适应＋电压＋电流
优点	简单易实现、成本低	故障检测更准确，减少误动作，能够精准隔离故障	自适应性强，能够自动调整参数，适应不同的网络结构和运行方式，故障隔离和恢复供电速度快
缺点	无法区分瞬时故障和永久故障；对复杂网络适应性差，容易误动作	系统复杂度高，需要高精度的电压和电流传感器；参数设置复杂，调试难度大；初始投资高	对设备的智能化要求高，需要具备故障记忆和闭锁功能，初始投资高；系统复杂度高，调试和维护难度大
适应场景	单辐射、单环网或简单的多分支网络；对成本敏感的区域，如农村配电网	多分支、多联络的配电网；分布式电源接入的双向潮流网络；对供电可靠性要求较高的区域	多分支、多联络的配电网；分布式电源接入的双向潮流网络；对供电可靠性要求高的区域
故障隔离范围	较大	较小	最小

29. 什么是智能分布式馈线自动化?

智能分布式馈线自动化结合了就地式和集中式的优点，能够在不依赖主站系统的情况下，通过配电终端相互通信实现馈线的故障定位、隔离和非故障区域恢复供电的功能，并将处理过程及结果上报配电自动化主站。其实现不依赖主站、工作可靠、处理迅速，对通信的稳定性和时延要求较高。智能分布式馈线自动化又分为速动型分布式馈线自动化和缓动型分布式馈线自动化。

《配电网智能分布式馈线自动化技术规范》（Q/GDW 12321—2023）对分布式馈线自动化进行了定义：分布式馈线自动化属于就地型馈线自动化的一种实现模式，通过配电终端之间相互通信实现馈线的故障定位、隔离和非故障区域自动恢复供电的功能，并将处理结果上报配电自动化主站。

30. 什么是速动型分布式馈线自动化?

速动型分布式馈线自动化通过配电终端之间的高速通信和快速决策逻辑，实现故障的毫秒级定位、隔离和恢复供电。速动型分布式馈线自动化能够在继电保护动作之前完成故障隔离。具体如表 1-18 所示。

表 1-18　　　　　　　　速动型分布式馈线自动化工作原理及步骤

步骤	工作原理
快速故障检测与定位	配电终端通过高速通信网络与相邻终端设备相互通信,实时监测线路的电压和电流变化;一旦检测到故障,终端设备能够迅速判断故障位置
故障隔离与恢复供电	故障点附近的开关设备在检测到故障后,直接完成故障切除和隔离;非故障区域通过联络开关或网络重构在毫秒时间内恢复供电

《配电网智能分布式馈线自动化技术规范》（Q/GDW 12321—2023）对速动型分布式馈线自动化进行了定义：应用于配电线路分段开关、联络开关为断路器的线路上，配电终端通过高速通信网络，与同一供电环路内配电终端实现信息交互，当配电线路上发生故障，在变电站/开关站出口断路器保护动作前实现快速故障定位、隔离，并实现非故障区域的恢复供电。

31. 什么是缓动型分布式馈线自动化?

缓动型分布式馈线自动化是一种需要变电站出口 10kV 出线保护动作后才能启动故障处理逻辑的自动化技术，主要应用于配电网中分段开关和联络开关为负荷开关或断路器的线路，它通过配电终端之间的通信和协调，实现故障的秒级定位、隔离和非故障区域的恢复供电。其工作原理及步骤如表 1-19 所示。

表 1-19　　　　　　　　缓动型分布式馈线自动化工作原理及步骤

步骤	工作原理
启动条件	变电站出口开关保护动作且开关分闸成功，即故障处理逻辑需要等待变电站出口断路器跳闸后才开始执行
故障处理流程	当变电站出口断路器跳闸后，线路中的智能终端设备检测到无压状态，开始执行故障隔离逻辑
	终端设备通过相互通信，确定故障区段，并通过分段开关隔离故障
	非故障区段通过联络开关或网络重构恢复供电

《配电网智能分布式馈线自动化技术规范》（Q/GDW 12321—2023）对缓动型分布式馈线自动化进行了定义：应用于配电线路分段开关、联络开关为负荷开关或断路器的线路上，配电终端与同一供电环路内配电终端实现信息交互，当配电线路上发生故障，在变电站/开关站出口断路器保护动作切除故障后，实现故障定位、隔离和非故障区域的恢复供电。

32. 速动型、缓动型分布式馈线自动化有哪些区别？

速动型、缓动型分布式馈线自动化在动作时间、启动条件、适用场景等方面存在不同，具体如表 1-20 所示。

表 1-20　　　　　　　速动、缓动型分布式馈线自动化的区别

特点	速动型	缓动型
动作时间	毫秒级（200ms 内）	秒级（5s 内）
启动条件	不依赖变电站出口断路器保护动作，直接通过终端设备完成	需要变电站出口断路器保护动作后才启动
对设备要求	高速通信网络和高精度的智能终端设备	对设备的要求相对较低
适用场景	对供电可靠性要求较高的区域，如城市核心区域、工业园区等	适用于对动作时间要求不高的区域

续表

特点	速动型	缓动型
优点	快速响应，减少停电时间	简化配置，降低设备成本
缺点	对通信和设备要求高	动作时间较长

33. 主站集中式、就地重合式、智能分布式馈线自动化有哪些区别?

主站集中式、就地重合式和智能分布式馈线自动化是配电自动化中的三种主要实现方式，它们在系统架构、通信要求、故障处理速度等方面存在显著区别，具体如表 1-21 所示。

表 1-21　主站集中式、就地重合式、智能分布式馈线自动化的区别

类别	主站集中式	就地重合式	智能分布式
系统架构	采用集中式架构，所有配电终端设备直接与主站通信，主站进行统一的数据处理和决策	采用就地控制方式，不依赖主站和通信系统	采用分布式架构，终端设备之间通过通信网络相互通信
通信要求	通常需要高速、可靠的通信	不依赖通信系统	需要光纤或高速无线通信。但对通信的依赖相对分散，终端设备之间需要通信，但部分通信链路故障仍可维持基本功能
故障处理速度	故障处理速度相对较慢，因为需要主站分析数据并下达指令	故障处理速度较快，通常在几秒内完成	故障处理速度最快，能够在毫秒级完成
控制决策方式	由主站做出，依赖主站的计算和分析能力	由终端设备自身逻辑完成，不依赖主站	由终端设备通过分布式的协作机制完成
可靠性	可靠性依赖主站和通信网络，主站或通信故障可能导致系统瘫痪	可靠性高，不依赖通信系统	可靠性高，具有容错能力
适用场景	适用于网络结构复杂、对供电可靠性要求较高的区域，如城市核心区、大型工业园区等	适用于通信条件差、对快速响应要求不高的区域，如农村或偏远地区等	适用于对供电可靠性要求较高的区域，及分布式电源接入较多的区域

　　综上，主站集中式馈线自动化适用于复杂网络和高可靠性要求的区域，但对通信和主站依赖度高。就地重合式馈线自动化适用于简单网络和通信条件较差的区域，可靠性高但响应速度有限。智能分布式馈线自动化适用于对快速响应和可靠性要求较高的区域，但对通信和设备要求高。

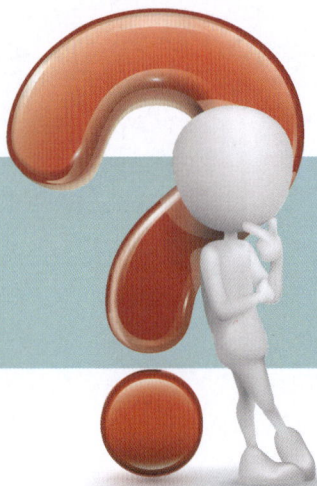

第二章　继电保护

❓ 1. 什么是继电保护?

在介绍配电网继电保护的基本概念前，需要了解电力系统正常、异常、故障运行状态：

正常运行：电力系统在正常负荷情况下，各设备正常运行，稳定供电的运行状态，即指系统中各种设备或线路均在其正常工作范围内进行工作，各种信号、指示和仪表均工作在允许范围内的运行状况，电压、频率和功率等参数均处于稳定状态，系统中没有出现异常情况。

异常运行：指系统的正常运行遭到了破坏，但尚未构成故障时的运行状况。

故障：指某些设备或线路出现了危及其本身或系统的安全运行，并有可能使事态进一步扩大的运行状况。

针对上述三种电网运行状况，继电保护的主要任务为：

正常运行时：继电保护能对电力系统进行监测和保护，完整地、安全地监视各种设备的运行状况，实时监测电压、电流等参数，以确保系统稳定运行。该状态下，继电保护装置不会发出任何警告信号，也不会采取任何动作。

异常运行时：继电保护能及时地、准确地发出信号或警报，通知值班人员尽快做出处理。

故障时：继电保护能自动地、迅速地、有选择性地切除故障部分，保证非故障部分继续运行。

因此，在电力系统中装设继电保护装置的主要作用是保护设备、缩小事故范围或预报事故的发生，提高系统运行的可靠性，最大限度地保证供电的安全和不间断。

《继电保护和安全自动装置技术规程》（GB/T 14285—2023）中对继电保护进行了定义：在电力系统中检出故障或其他异常情况，从而使故障切除、异常情况终止，或发出信号或指示的一种重要措施。

2. 继电保护的原理是什么?

电力系统的故障种类很多,但最为常见、危害最大的应属各种类型的短路故障。一旦出现短路故障,就会伴随产生三大特点:电流将急剧增大、电压将急剧下降、电压与电流之间的相位角将发生变化。

以上述电气量等参数的变化为基础,利用正常运行和故障时各电气量的差别可以构成各种不同原理和类型的继电保护,如:

反映电流变化的电流保护:定时限过电流保护、反时限过电流保护、电流速断保护、过负荷保护和零序电流保护等。

反映电压变化的电压保护:过电压保护和低电压保护。

反映电流变化又反映电压与电流之间相位角变化的保护:方向过流保护。

利用电压与电流之间的变化,反映短路点到保护安装处阻抗的保护:距离保护。

反映被保护设备两端或多端之间电流差异的保护:差动保护。

专门用于反应变压器内部故障的气体保护:瓦斯保护。

继电保护的基本原理就是通过检测电力系统中的电流、电压、功率等参数的变化,来判断系统是否发生了故障或异常。一旦检测到异常,继电保护装置会迅速动作,执行预定的保护措施,以隔离故障部分,保障电力系统的安全稳定运行。

3. 继电保护装置的基本要求是什么?

对继电保护装置的基本要求有可靠性、选择性、灵敏性和速动性,简称"四性"。具体解释如下:

可靠性:保护装置随时处于准备状态,在需要动作的时候具备能够正确动作的能力,即不拒动、不误动。如不能满足可靠性的要求,将会扩大事故或直接造成更严重故障。为确保保护装置动作的可靠性，要求保护装置的原理、设计回路、安装调试、整定计算均正确无误；同时要求保护系统应尽可能简化有效，组成保护装置各元件的质量可靠、运行维护得当。

选择性：当供电系统发生故障时，继电保护装置应能有选择地将故障部分切除。也就是确保离故障点最近的继电保护装置动作从而切断故障元件，以保证系统中其他非故障部分能继续正常运行。

灵敏性：指继电保护装置对其保护范围内故障和异常工作状况的识别反应能力。当检测量超过了正常值或达到了阈值，触发相应的保护动作。在保护装置的保护范围内，不管故障点的位置如何、不论故障的性质怎样，在最不利条件下保护装置仍能可靠动作；但在保护区外发生故障时，又不应该产生错误动作。

速动性：速动性是指保护装置应能尽快切除短路故障，缩短切除故障的时间。减轻短路电流对电气设备的损坏程度，加快系统恢复。

《继电保护和安全自动装置技术规程》（GB/T 14285—2023）对继电保护的"四性"进行了要求：

可靠性：是指保护该动作时应动作（不拒动，即保证可信赖性），不该动作时不应动作（不误动，即保证安全性）。

选择性：是指在电力设备故障后尽可能减少影响范围。为保证选择性，首先应由故障电力设备本身的保护切除故障，当故障电力设备本身的保护或相关联的断路器拒动时，才允许由断路器失灵保护或相邻电力设备的保护装置提供的远后备保护切除故障；相邻电力设备有配合要求的保护时间，其灵敏系数及动作时间应相互配合。

灵敏性：是指电力设备的被保护范围内发生故障时，保护具有的正确动作能力的裕度，一般以灵敏系数来描述。

速动性：是指保护应能尽快地切除短路故障，以提高电力系统稳定性、减轻故障设备损坏程度、缩小故障影响范围、提高自动重合闸和备用电源（设备）

自动投入的效果等。

4. 什么是主保护和后备保护?

主保护和后备保护是电力系统继电保护的两个重要概念,他们各自承担不同的保护职责,主保护动作快,后备保护动作慢,即当在系统中的同一地点或不同地点装设有多种保护时,其中动作比较快的为主保护,动作比较慢的为后备保护。

主保护:是指在电力系统发生故障时,为了满足系统稳定和设备安全要求,能够以最快速度有选择性地切除被保护设备和线路故障的保护。当被保护元件(如发电机、变压器、线路等)内部发生故障时,主保护能够迅速而准确地动作,切除故障部分,从而保证电力系统其他非故障部分的正常运行。主保护通常由差动保护、距离保护、电流保护等组成,具有快速响应、高可靠性和高精确度的特点。

后备保护:是指在主保护或断路器拒动时,用来切除故障的保护。它作为主保护的补充,当主保护失效或发生故障时提供备用保护切除故障,保障系统能够持续运行或尽快恢复正常工作状态。后备保护分为近后备保护和远后备保护两种。

近后备保护:当主保护或断路器拒动时,由本设备的后备保护来实现隔离故障。

远后备保护:当主保护或断路器拒动时,由相邻线路或电力设备保护实现隔离故障。

《继电保护和安全自动装置技术规程》(GB/T 14285—2023)对其进行了定义:

主保护:满足电力系统稳定和电力设备安全要求,能以最快速度有选择地切除被保护电力设备故障或者结束其异常情况的保护。

后备保护：由于主保护不能动作、动作失效或者相关联的断路器动作失灵，导致在预定的时间内电力系统故障未被切除或其他异常情况未被发现时预定动作的保护。

近后备保护：当主保护不能动作或动作失效时，由该电力设备的另一保护实现的后备保护；或者相关联的断路器失灵时，由断路器失灵保护来实现的后备保护。

远后备保护：当主保护不能动作或动作失效，或者相关联的断路器动作失灵时，由相邻电力设备的继电保护装置实现的后备保护。

辅助保护：作为主保护和后备保护的补充，或当主保护和后备保护退出运行而临时增设的简单继电保护。

5. 主保护和后备保护的区别是什么？

主保护和后备保护在电力系统中扮演着不同的角色，主要区别如表2-1所示。

表2-1　　　　　　　　　　　　主保护和后备保护的区别

类别	主保护	后备保护
动作顺序	在电力系统发生故障时，主保护是首先动作的保护	如果主保护未能动作或动作失败，后备保护将作为后续保护动作
保护范围	通常限于单个设备或线路，以实现精确保护	保护范围可能更广，可能包括多个设备或线路，以提供全面的后备支持
选择性	具有高度的选择性，它们只对它们所保护的特定设备或线路动作，以确保故障切除的精确性和最小化停电范围	选择性较低，它们可能覆盖多个设备或线路，以确保在主保护失效时能够切除故障
可靠性和灵敏性	要求具有高可靠性和灵敏性，以确保在各种条件下都能准确检测到故障并迅速动作	虽然也需要一定的可靠性和灵敏性，但它们的主要目的是作为主保护的补充，因此对这些性能的要求可能略低于主保护
延时	通常没有延时或延时非常短，以实现快速切除故障	有一定延时，且各后备保护间需相互配合
复杂性	可能包含复杂的逻辑和算法，以实现精确的故障检测和定位	相对简单，因为它们的作用是在主保护失败时提供保护

后备保护不应理解为次要保护，它是同样重要的。后备保护不仅可以起到当主保护应该动作而未动作时的后备，还可以起到当主保护虽已动作但最终未能切除故障时的后备。

6. 什么是纵联保护?

纵联保护是一种用于电力系统输电线路的保护方式，通过某种通信通道将线路两端的保护装置连接起来，将各端的电气量（如电流、功率的方向等）传送到对端进行比较，以判断故障是否发生在本线路范围内。纵联保护的核心要点如表 2-2 所示。

表 2-2 纵联保护的核心要点

		核心要点
纵联保护	通信通道	纵联保护需要一个可靠的通信通道来传输两端的电气量信息。常见的通信通道包括导引线、电力线载波、微波和光纤等
	电气量比较	线路两端的保护装置测量电气量（如电流、电压等），并将这些信息通过通信通道传送到对端。两端的保护装置对收到的信息进行比较，判断故障是否在本线路范围内
	故障判断	如果两端的电气量比较结果表明故障发生在本线路范围内，则保护装置会发出跳闸指令，切断故障线路。如果故障发生在本线路外部，则保护装置不动作
	快速性	纵联保护能够在毫秒级的时间内做出反应，快速切除故障区域
	选择性	具有绝对选择性，能够准确区分本线路内部与外部故障

纵联保护广泛应用于 220kV 及以上电压等级的输电线路中，作为主保护，以提高系统的稳定性和可靠性。

《继电保护和安全自动装置技术规程》（GB/T 14285—2023）对纵联保护进行了定义：借助通信通道（如导引线、载波、光纤）传送线路各端规定的保护信息，经比较、判别后动作的一种保护。

7. 纵联保护如何分类？

纵联保护可按通信通道、保护原理、信号性质进行分类，具体如表 2-3 所示。

表 2-3 纵联保护分类一览表

分类依据	名称	特点
按通信通道分类	导引线纵联保护	使用导引线作为通信通道，直接传输电流等电气量信息。适用于较短线路，因为导引线的长度和投资成正比
	电力线载波纵联保护	利用输电线路本身作为载波通道，通过高频信号传输信息。适用于长距离线路，但易受电磁干扰
	微波纵联保护	使用微波作为通信通道，通过微波传输信号。传输速度快，但设备成本较高
	光纤纵联保护	利用光纤作为通信通道，传输信息稳定且抗干扰能力强。适用于各种长度的线路
按保护原理分类	纵联电流差动保护	比较线路两端电流的大小和相位，适用于高精度要求的场合
	方向纵联保护	通过比较电流和电压的方向来判断故障位置
	纵联距离保护	利用距离元件来判断故障方向和位置
	纵联电流相差保护	比较电流的相位差来判断故障
按信号性质分类	闭锁式纵联保护	当收到闭锁信号时保护装置不动作，只有在无闭锁信号时才可能动作
	允许式纵联保护	当收到允许信号时，保护装置动作
	直接跳闸式纵联保护	收到跳闸信号时直接动作跳闸

❓ 8. 什么是过电流保护?

过电流保护是一种电力系统中非常重要的保护方式,其主要作用是检测和限制电路中超过正常工作电流的异常电流,从而保护电气设备和系统免受过大电流的损害。

过电流保护按照动作时间特性可以分为瞬时过电流保护、定时限过电流保护、反时限过电流保护。

瞬时过电流保护:保护没有设置时间延迟,一旦电流达到设定值后会瞬时动作。主要用于线路、电动机、变压器等电气设备,在短路、接地等严重故障下动作。

定时限过电流保护:通常用于线路或变压器的后备保护,跳闸必须满足两个条件:电流必须超过设定值,故障持续时间必须等于或大于设定的时间。

反时限过电流保护:反时限过电流保护的特点就是跳闸时间与电流成反比,电流越大跳闸时间越短,反之亦然。

❓ 9. 瞬时、定时限、反时限过电流保护有哪些区别?

瞬时过电流保护、定时限过电流保护和反时限过电流保护是电力系统中常用的三种过电流保护方式,它们的主要区别在于动作时间和电流大小的关系。这三种保护方式的区别及应用场景如表 2-4 所示。

表 2-4　　　　　　　瞬时、定时限、反时限过电流保护的区别

类别	瞬时过电流保护	定时限过电流保护	反时限过电流保护
动作时间	没有时间延迟,一旦检测到的电流超过设定值,保护装置会立即动作	有一个固定的延时,无论电流大小如何,只要电流超过设定值,保护装置都会在固定的时间后动作	反时限过电流保护的动作时间与电流大小成反比关系,即电流越大,动作时间越短;电流越小,动作时间越长

类别	瞬时过电流保护	定时限过电流保护	反时限过电流保护
电流关系	设定值较高,通常用于应对短路故障,确保当电流急剧增加时动作	设定值通常较低,以确保在过载情况下能够动作,但其固定延时的特性意味着它不适用于快速切除短路故障	这种保护能够根据电流的大小自动调整动作时间,以实现对不同程度过载和短路故障的灵活响应
应用场景	主要用于快速切除严重的短路故障,以减少对设备的损害和系统的冲击	通常用作后备保护,当主保护(如瞬时过电流保护)未能动作时,定时限过电流保护可靠动作	反时限过电流保护因其灵活性而被广泛应用于各种电力设备和线路的保护,能够实现较好的选择性和协调性

总的来说,瞬时过电流保护适用于需要快速动作的场合,定时限过电流保护适用于需要固定延时的后备保护,而反时限过电流保护则因其能够根据电流大小自动调整动作时间,而被广泛应用于需要灵活响应的场合。这三种保护方式在电力系统中通常结合使用,以确保系统的安全和可靠运行。

10. 什么是三段式过电流保护?

三段式过电流保护由三个主要部分组成,分别是电流速断保护(第一段)、限时电流速断保护(第二段)和定时限过电流保护(第三段)。

表 2-5 给出了三段式过电流保护每段保护的特点及保护范围。

表 2-5　　　　　　三段式过电流保护特点及保护范围

	段级	保护名称	特点	保护范围
三段式过流保护	第一段	电流速断保护	电流整定值设定的相对较高,且没有整定时间延迟;一旦检测到电流超过整定值,保护装置将立即动作(毫秒级)切断故障电路	主要用于母线侧线路出口一段距离内的故障,但并不能覆盖线路全线

	段级	保护名称	特点	保护范围
三段式过流保护	第二段	限时电流速断保护	电流整定值较速断保护有所降低，并引入了整定时间延迟，当线路电流达到整定值并持续一段时间后，该保护才会动作。其整定值设定需确保能够覆盖本线路全长，并适当延伸至下一级线路的前半部分	不仅是本线路的后备保护，还承担着下一级线路的远后备保护任务
	第三段	定时限过电流保护	电流整定值相较于前两者更低，时间延迟更长。不仅要确保覆盖本线路全长，还要具备比限时电流速断保护更长的保护范围	作为线路的后备保护，它同时承担着下一级甚至更下级线路的远后备保护任务

　　三段式过电流保护提供了更为精细和分层的保护策略，通过不同的电流定值大小和时间延迟长短，实现了对电力线路不同区域和不同故障类型的全面保护。这种分层保护确保了在发生故障时，能够快速、准确地切除故障部分，同时最小化对非故障区域的影响，提高了电力系统的可靠性和安全性。

11. 什么是零序电流保护？

　　零序电流保护是一种专门用于检测零序电流异常的电力系统保护方式。在三相电力系统中，通常由三根相线和一个中性线组成，正常情况下，中性线上的电流为零，然而，当电力系统发生故障时，可能会引起中性线上的电流不为零，即出现了零序电流。零序电流保护的主要任务是监测和识别这些零序电流异常，并及时采取措施来避免系统进一步受到损害。它能够对电网中的各种故障类型进行快速准确的检测，如单相接地故障、相间短路故障、非对称运行等。

12. 零序电流保护有哪些分类？

　　零序电流保护基于其工作原理和应用场景，常见以下几种分类：

零序电流速断保护：该保护没有时间延迟，一旦检测到零序电流超过设定值，会立即动作。通常用于快速切除线路的接地故障。

限时零序电流速断保护：与零序电流速断保护类似，但具有较短时间延迟，用于保护线路的全长，以确保选择性。

零序过电流保护：当零序电流速断保护未能工作时，零序过电流保护会动作。它通常有时间延迟，以确保它作为后备保护动作。

零序方向保护：结合方向元件的零序电流保护，可以区分故障的方向，提高保护的选择性。这种保护适用于双侧电源线路，能够判断故障是在本侧还是对侧。

13. 四种零序电流保护有哪些区别?

零序电流速断保护、限时零序电流速断保护、零序过电流保护和零序方向保护是电力系统中用于检测和响应接地故障的不同类型保护，它们的区别具体如表 2-6 所示。

表 2-6　　　　　　　　　四种零序电流保护的区别

类别	延时	选择性	应用场景
零序电流速断保护	没有时间延迟，一旦检测到零序电流超过设定值，会立即动作	主要用于快速切除线路末端的接地故障，以减少故障对系统的冲击	适用于需要快速响应的场合，如线路严重接地故障
限时零序电流速断保护	与零序电流速断保护类似，但具有较短的时间延迟，用于保护线路的全长	通过设置时间延迟，确保选择性，即只有当靠近故障点的保护未能动作时，该保护才会动作	适用于需要确保选择性的场合，如线路全长的保护
零序过电流保护	通常作为后备保护，具有较长的时间延迟	当主保护（如零序电流速断保护）未能动作时，零序过电流保护动作	作为本线路经电阻接地故障和相邻元件故障的保护
零序方向保护	使用方向元件来识别故障电流的方向，确保只有在故障电流流入保护区域时才动作	通过方向判别，可以提高保护的选择性，避免误动作	适用于需要区分故障方向的场合，如双侧电源线路

总的来说，零序电流速断保护和限时零序电流速断保护的主要区别在于是否有时间延迟，而零序过电流保护具有更长的时间延迟。零序方向保护则通过方向判别来提高保护的选择性。这些保护措施在电力系统中通常结合使用，以确保系统的安全和可靠运行。

14. 什么是级差保护?

级差保护的核心思想是在整个电力系统的各个保护环节之间建立一个时间或动作特性上的级差，以确保只有最接近故障点的保护装置首先动作，从而限制停电范围，保证系统的其他部分能够继续运行。级差保护的主要特点如表2-7所示。

表 2-7　　　　　　　　　　级差保护的主要特点

		特点
级差保护策略	选择性	确保在发生故障时，只有最靠近故障点的保护装置首先动作，而远离故障点的保护装置则不会动作，避免不必要的停电
	时间级差	在多级保护系统中，不同级别的保护装置被设定不同的动作时间，比如靠近故障的保护装置动作时间较短，而远离故障的保护装置动作时间较长
	电流级差	保护装置的电流设定值也会根据其在系统中的位置有所不同，靠近电源端的保护装置电流设定值较高，而远离电源端的保护装置电流设定值较低
	保护协调	级差保护要求系统中的所有保护装置能够协调工作，以确保整个系统的安全和可靠运行
	自适应保护	在一些先进的电力系统中，级差保护可以是自适应的，即保护装置能够根据系统的实际运行状况动态调整其动作时间和设定值
	复杂性	实现级差保护需要精确的计算和设置，可能会增加系统的复杂性和维护难度
	依赖性	级差保护的有效性依赖于每个保护环节的正确设置和协调
	调试和测试	级差保护的调试和测试可能比较复杂，需要确保所有保护装置都能正确协同工作
	方式局限性	当电网的结构或运行条件发生变化时，可能需要重新调整级差保护的设置，以保持其有效性

级差保护是一种有效的保护策略，但它也需要精确的设计、设置和维护，以确保其能够充分发挥作用。在实际应用中，需要根据具体的系统条件和需求来权衡级差保护的使用。

15. 什么是自动重合闸?

自动重合闸的主要作用是在线路发生故障时，断路器收到保护动作命令跳开后，进行快速合闸，可以恢复瞬时故障消除后的正常供电，从而提高供电可靠性和连续性。即自动重合闸是将因故障跳开后的断路器按需要自动投入的一种保护策略。

16. 自动重合闸有哪些优缺点?

对于瞬时性故障，自动重合闸可以迅速恢复供电，提高系统的整体供电可靠性，也可以显著减少因瞬时性故障导致的停电次数，能够显著降低因停电造成的经济损失；对于双侧电源线路，自动重合闸可以加强两个系统之间的联系，提高系统并列运行的动态稳定性；对于联系较薄弱的系统，自动重合闸能够有效防止因故障导致的系统解列。自动重合闸还可以纠正由于断路器本身机构不良或继电保护误动作引起的误跳闸，从而避免不必要的停电。

自动重合闸在电力系统中发挥着重要作用，能够快速恢复供电和提高系统稳定性，但同时也存在一些潜在的缺点，特别是在处理永久性故障时可能会对系统造成额外的压力。如：如果重合于永久性故障，电力系统将再次遭受短路电流的冲击，影响系统稳定性；由于在短时间内连续两次切断短路电流，会使断路器的工作条件更加恶劣；在某些情况下，自动重合闸可能导致永久性故障的切除时间变长。因此，在实际应用中，需要根据具体的系统条件和故障类型，合理配置和使用自动重合闸装置。

17. 自动重合闸有哪些分类?

自动重合闸可根据重合闸控制断路器的相数、连续跳闸次数进行分类,具体分类及主要应用场景如表 2-8 所示。

表 2-8　　　　　　　　　　　自动重合闸分类及主要应用场景

	分类依据	分类	主要应用场景
自动重合闸	根据重合闸控制断路器的相数	单相重合闸	多用于 220kV 及以上架空线路,单相接地故障时保护首次只跳开故障相,然后重合该相,若为永久性故障保护再跳开三相
		三相重合闸	适用于 110kV 及以下架空线路,故障时保护跳开三相,然后进行三相重合,若为永久性故障保护再跳开三相
		综合重合闸	用于 220kV 及以上架空线路,相间故障时采用三相重合闸方式,单相故障时采用单相重合闸方式
	根据重合闸控制断路器连续跳闸次数	多次重合闸	通常用于 35kV 及以下架空线路,适用于瞬时性故障较多,且需要多次尝试恢复供电的场合,多见于一些需要高可靠性供电的重要线路或单侧电源的单回线路中
		一次重合闸	一次重合闸是最常见的自动重合闸方式,适用于大多数输电线路,尤其是瞬时性故障占比较高的线路

18. 为什么电缆线路不采用自动重合闸方式?

自动重合闸主要是为了避免瞬时性故障造成线路停电,对于架空线路,有很多故障属于瞬时性故障,如鸟害、雷击、污染等,这些故障在断路器跳开后通常会消失,因此装设自动重合闸装置效果非常明显。而电缆线路由于埋入地下,其故障多属于永久性故障,因此通常不采用自动重合闸方式。在实际运行中,对于混合线路中电缆长度占比超过 30%或含有电缆接头时,宜退出重合闸功能或视实际情况而定。

19. 什么是备自投装置?

备自投装置，全称为备用电源自动投入装置，是一种在电力系统中广泛应用的自动装置。它的主要作用是在主电源出现故障时，自动切换到备用电源，以保证电力系统稳定运行。

备自投装置适用于具备双电源及多电源供电系统，当供电主电源因故失去时，经检无压、断路器位置等判别后，迅速投入备用电源，从而提高电力供应的连续性和可靠性。

20. 备自投方式主要有哪几类?

备自投方式可分为分段（母联）备自投方式、桥备自投方式、变压器备自投方式、进线备自投方式等，其分类及主要应用场景如表 2-9 所示。

表 2-9　　　　　　　　　备自投方式分类及主要应用场景

	类型	适用场景
备自投方式分类	分段（母联）备自投方式	适用于分段断路器处于分位置，进线断路器处于合位置，母线均有电压的情况。这种模式下，当一段母线失去电压而另一段母线有电压时，备自投装置会动作，将负载切换至有电压的母线
	桥备自投方式	适用于桥式接线变电站，当其中一路进线失电，即无电压且无电流时，而另一路进线仍有电压，备自投装置检测到失电信号，启动投入桥断路器，将失电部分切入另一路进线供电
	变压器备自投方式	适用于有两台变压器，一台作为主变压器，另一台作为备用，当主变压器故障时，自动切换至备用变压器
	进线备自投方式	适用于进线电源，正常运行时，一条进线运行，另一条进线热备用状态，当运行进线故障时，备自投检测无压，自动投入另一条备用进线

备自投方式可以根据具体的电力系统配置和运行需求进行组合和调整，以确保在主电源发生故障时能够迅速、可靠地切换至备用电源，保障电力供应的可靠性和稳定性。

? 21. 备自投和自动重合闸有哪些区别?

备自投和自动重合闸是电力系统中两种不同的自动保护方式,它们的主要区别如表 2-10 所示。

表 2-10 　　　　　　　　　　　备自投和自动重合闸的区别

类别	备自投方式	自动重合闸方式
功能目的	在主电源发生故障时,自动切换到备用电源	在输电线路发生故障时,断路器跳闸后,自动尝试重新合闸,以快速恢复供电
动作对象	动作对象是备用电源,当主电源失效时,自动投入备用电源	动作对象是原线路本身,即在线路发生故障跳闸后,尝试重新合闸原线路
应用场景	适用于具备双电源或多电源供电的变电站和设备,当工作电源因故失去时,迅速投入其他供电电源	主要用于输电线路,对于瞬时性故障,如雷击、鸟害等,自动重合闸可以快速恢复线路供电
工作原理	通过监测电力系统的运行状态,一旦检测到主电源故障,装置会自动切断主电源,同时合上备用电源的开关,实现快速、准确的电源切换	当检测到电力系统出现故障断路器断开后,自动重合闸装置会经过一个预定的延时后启动。在延时结束后,自动重合闸装置发出合闸信号,使断路器重新合闸

总的来说,备自投和自动重合闸虽然都旨在提高电力系统的供电可靠性和稳定性,但它们的作用对象、应用场景和工作原理有所不同。备自投侧重于电源之间的切换,而自动重合闸侧重于线路的重新合闸。

? 22. 什么是孤岛?

《分布式电源孤岛运行控制规范》(Q/GDW 11272—2023)中对孤岛进行了定义:公共电网故障、检修或其他原因造成局部区域停电时,停电区域内电源仍保持对该区域部分负荷继续供电的状态。

随着分布式电源的规模化发展，在主电网故障或其他原因断电时，一部分区域电网仍由分布式电源（如光伏、风电）供电，从而形成一个与主电网隔离的独立运行的电网区域，形成孤岛。

孤岛可分为计划性孤岛和非计划性孤岛。计划性孤岛指按预先设置的控制策略，有计划的发生孤岛。非计划性孤岛指非计划、不受控制的发生孤岛。当产生孤岛时，孤立的负荷或发电装置仍能继续运行，但与外部电网连接中断，导致电能无法从外部供应或流向外部。如果孤岛区域内的电力负荷较大，内部发电装置输出功率无法满足负荷需求，或者供大于求时，调控能力不足，就会导致电压和频率不稳定，甚至引发电力设备的过载或故障。

孤岛（主要指非计划性孤岛）可能会产生安全风险、设备损坏、供电不稳定等危害，具体如表 2-11 所示。

表 2-11　　　　　　　　　　　　　孤岛可能带来的危害

		类型
孤岛可能带来的危害	安全风险	孤岛可能导致维护人员在不知情的情况下进入仍然带电的区域，增加了触电的风险
	设备损坏	孤岛中的电力设备可能会因为电压和频率控制不当而损坏
	供电不稳定	孤岛内的供电能力有限，可能无法满足区域内的电力需求
	电网恢复困难	当主网恢复供电时，孤岛内的电压和频率可能与主电网不同步，导致合闸困难，影响电网的恢复
	电能质量下降	孤岛可能导致电能质量下降，如电压波动、频率偏差等，影响电力用户设备正常工作

23. 什么是防孤岛保护?

为了防止孤岛效应，电力系统通常会采取防孤岛保护措施，如安装防孤岛保护装置，防止分布式电源在电网断电或故障时继续向局部电网供电，从而确保电网的安全和稳定运行。

防孤岛保护装置通过监控电网的电压、电流等参数,检测功率流向和大小,一旦判断为孤岛状态,就会迅速切断分布式发电系统与电网之间的连接,使之与电网快速脱离,从而保证整个电网和运维人员的安全。防孤岛保护装置还可能具备检测过电压、低电压、频率过高、频率过低等功能,能有效地保护分布式电源并网发电系统的安全稳定运行。

防孤岛保护可以有效保障人员和设备安全,维持电网的稳定运行,其主要作用及主要应用如表 2-12 所示。

表 2-12　　　　　　　　防孤岛保护的主要作用及应用

防孤岛保护	主要作用	保障人员安全	在电网断电后,防孤岛保护装置能够及时切断分布式电源与电网的连接,防止维修人员误判线路状态,避免触电事故
		保护设备安全	防止孤岛状态下电压和频率对发电设备和用户设备造成损害,保护设备安全
		维持电网稳定	防止孤岛状态导致的电网重新并网时的电流冲击和相位不同步等问题,保障电网的稳定运行
	主要应用	光伏发电系统	在光伏并网发电系统中,防孤岛保护装置能够检测电网故障并迅速切断光伏系统与电网的连接
		风力发电系统	用于防止风力发电机在电网停电后继续向局部电网供电,避免电压和频率的不稳定
		储能系统	在储能系统中,防孤岛保护装置可以监测储能系统与电网连接点的电气参数,确保在电网停电时及时切断连接
		微电网	在微电网与主网并网运行时,防孤岛保护装置能够保障微电网在主电网故障时及时脱离

？ 24. 配电网保护配置原则是什么?

《10（20）kV 配电网保护技术规范》（Q/GDW 12474—2024）给出了配电网保护配置的具体原则，具体如表 2-13 所示。

表 2-13　　　　　　　　　　配电网保护配置原则

类型		保护配置
变电站 10（20）kV 线路保护	电流保护	宜配置三段式电流保护，也可配置反时限电流保护
	零序电流保护	低电阻接地系统中，宜配置两段式零序电流保护；可配置反时限零序电流保护
分段线路保护	电流保护	宜配置三段式电流保护，也可配置反时限电流保护
	零序电流保护	低电阻接地系统中，宜配置两段式零序电流保护；可配置反时限零序电流保护
分支线路保护	电流保护	宜配置两段式电流保护，也可配置反时限电流保护
	零序电流保护	低电阻接地系统中，宜配置两段式零序电流保护；可配置反时限零序电流保护
分界点保护	电流保护	宜配置两段式电流保护，也可配置反时限电流保护
	零序电流保护	低电阻接地系统中，宜配置两段式零序电流保护；可配置反时限零序电流保护
分布式电源接入	非专线接入	当分布式电源接入后，常规电源不能满足运行要求时，还应考虑以下配置：阶段式电流保护宜加装方向元件；当电流保护不能满足可靠性和选择性要求时，应采用纵联保护
	专线接入	分布式电源联络线宜配置纵联保护作为主保护

分段线路保护：在分段断路器处配置，能够检出分段线路故障或其他异常情况，与一次设备配合，从而使故障切除、异常情况终止，或发出信号和指示的保护。

分支线路保护：在分支断路器处配置，能够检出分支线路故障或其他异常情况，与一次设备配合，从而使故障切除、异常情况终止，或发出信号和指示的保护。

分界点保护：在用户供电系统与公共电网产权分界点安装的断路器处配置，能够检出用户内部电气设备故障或其他异常情况，与一次设备配合，从而使故障切除、异常情况终止，或发出信号和指示的保护。

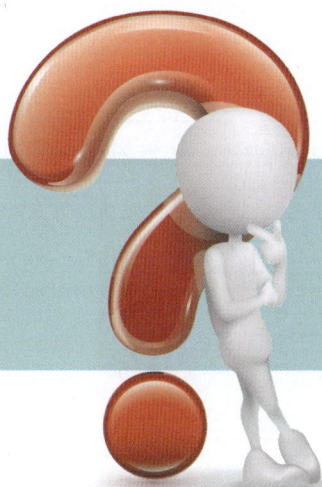

第三章　用电部分

? **1. 什么是电能计量?**

电能计量是指对电能量的测量和记录,包括有功电能和无功电能,为电力生产、传输、分配和消费的各个环节提供准确的电能数据。电能计量的准确性和可靠性对于电力企业的经营管理、电力系统的安全稳定运行以及电力市场的公平交易至关重要。表 3-1 给出了电能计量的主要功能和意义。

表 3-1   电能计量主要功能及意义

类别			功能及意义
电能计量	功能	计费	为电力企业与用户之间的电费结算提供准确的依据,确保电能贸易的公平、公正和准确
		监测	实时监测电力系统的运行状况,包括电压、电流、功率等参数,为电力系统的安全稳定运行提供保障
		分析	通过对电能数据的分析,可以评估电力系统的运行效率、负荷特性、电能损耗等,为电力企业的经营管理决策提供支持
		控制	电能计量还可以与电力系统的自动控制相结合,实现对电力设备的智能调度和优化运行
	意义	保障电力企业经济效益	准确的电能计量是电力企业获取合理收益的基础,有助于保障企业的经济效益
		维护用户合法权益	确保用户按照实际用电量支付电费,维护用户的合法权益
		促进电力系统安全稳定运行	通过对电力系统运行参数的监测和分析,及时发现和处理潜在的安全隐患,保障电力系统的安全稳定运行
		支持电力市场发展	为电力市场的交易提供准确的电能数据,促进电力市场的公平竞争和健康发展
		促进节能减排	为企业提供准确的电量数据,帮助企业监控和优化电力消耗,对高耗能设备进行处理和更换,降低企业的单位能耗

2. 电能计量装置如何分类?

《电能计量装置技术管理规程》（DL/T 448—2016）中对电能计量装置进行了分类: 运行中的电能计量装置按计量对象重要程度和管理需要分为五类（Ⅰ、Ⅱ、Ⅲ、Ⅳ、Ⅴ）。分类细则及要求如表 3-2 所示。

表 3-2　　　　　　　　　电能计量装置分类细则及要求

	分类	细则及要求
电能计量装置分类	Ⅰ类电能计量装置	220kV 及以上贸易结算用电能计量装置; 500kV 及以上考核用电能计量装置; 计量单机容量 300MW 及以上发电机发电量的电能计量装置
	Ⅱ类电能计量装置	110（66）~220kV 贸易结算用电能计量装置; 220~500kV 考核用电能计量装置; 计量单机容量 100~300MW 发电机发电量的电能计量装置
	Ⅲ类电能计量装置	10~110（66）kV 贸易结算用电能计量装置; 10~220kV 考核用电能计量装置; 计量 100MW 以下发电机发电量、发电企业厂（站）用电量的电能计量装置
	Ⅳ类电能计量装置	380V~10kV 电能计量装置
	Ⅴ类电能计量装置	220V 单相电能计量装置

3. 电能计量装置的组成有哪些?

电能计量装置主要由电能表、互感器、二次连接线、电能计量柜（箱）等组成，具体如表 3-3 所示。

表 3-3　　　　　　　　　电能计量装置组成一览表

	名称	功能
电能计量装置	电能表	是电能计量装置的核心部分，用于测量电能消耗

名称	功能
互感器	互感器用于将高电压和大电流转换为低电压和小电流，以便电能表能够安全、准确地测量。互感器分为电压互感器和电流互感器； 电压互感器：将高电压转换为低电压，通常用于 10kV 及以上电压等级的测量； 电流互感器：将大电流转换为小电流，通常用于高压和低压电流的测量
二次连接线	用于连接电能表和互感器，确保电能表能够准确地获取电压和电流信号
电能计量柜（箱）	用于安装和保护电能表、互感器及其他相关设备； 计量柜：用于安装高压电能计量装置，通常安装在变电站或高压配电室； 计量箱：用于安装低压电能计量装置，通常安装在用户端或低压配电室

（表左侧合并单元格标注：电能计量装置）

4. 如何衡量电能计量装置？

电能计量装置主要通过其准确度等级来衡量，不同类别的电能计量装置有不同的准确度等级要求。《电能计量装置技术管理规程》（DL/T 448—2016）对各类电能计量装置应配置的电能表、互感器准确度等级进行了规定，具体如表 3-4 所示。

表 3-4 电能计量装置准确度等级

类别	准确度等级			
	电能表		互感器	
	有功	无功	电压互感器	电流互感器
Ⅰ类	0.2S	2	0.2	0.2S
Ⅱ类	0.5S	2	0.2	0.2S
Ⅲ类	0.5S	2	0.5	0.5S
Ⅳ类	1	2	0.5	0.5S
Ⅴ类	2	—	—	0.5S

注 发电机出口可选用非 S 级电流互感器。

5. 非 S 级与 S 级电能计量装置有什么区别？

如表 3-4 所示，电能计量装置的准确度等级中，0.2、0.5 是准确度等级，是指符合一定的计量要求，使误差保持在规定极限以内的测量仪器的等别、级别，偏差不超过 ±0.2%、±0.5%。精度等级中的"S"代表"Special"，即特殊用途电能表的精度标准。S 级与非 S 级电能计量装置的主要区别在于对轻负载计量准确度要求不同，具体如表 3-5 所示。

表 3-5　　　　　　　　　非 S 级与 S 级电能计量装置区别

类别	非 S 级电能计量装置	S 级电能计量装置
计量准确度	在 5% I_b（标定电流）以下没有误差要求； 在轻负载条件下，计量精度较低，误差可能比较大	在 1% I_b ~120% I_b 范围内都能保持在规定的误差之内正确计量； 即使在轻负载（低电流）条件下，也能保持较高的计量精度
量程范围	5% I_b ~120% I_b	1% I_b ~120% I_b
适用场景	适合于负荷相对稳定的场景，如家庭、小型商业用户等	适用于负荷电流变化较大，如小型企业白天生产、晚上仅少量照明负荷的情况；及需要高精度计量的场合，如电厂、工业用户等

标定电流（I_b）：是指电能表在正常工作条件下的额定电流。它是电能表设计和校准的基准电流值，用于确保电能表在该电流下能够准确测量电能。标定电流是电能表的一个重要参数，因为它决定了电能表的测量范围和精度。

轻负载：在电能量计量装置中，轻负载通常指的是实际负荷电流远低于电能表的标定电流（I_b）。具体来说，轻负载通常指 1% I_b 及以下的运行工况。如：对于一个标定电流为 5A 的电能表，轻负载可能指电流在 0.05A 及以下的情况。

❓ 6. 什么是关口计量点、考核计量点?

关口计量点是指电力系统中需要进行电能计量的特殊位置,用于实现电能计量和采集。计量点的设置对于电能计量的准确性和公平性至关重要。

考核计量点是指电力系统中用于内部经济技术指标分析和考核的电能计量点。主要用于帮助运营人员分析和改进电网的运行状况,以提高电网的可靠性、效率和安全性。

《电能量计量系统设计规程》(DL/T 5202—2022)中对其分别进行了定义:

关口电能计量点:电网企业之间、电网企业与发电或用电企业之间进行电能量结算的计量点,简称关口计量点。

考核电能计量点:电网企业、发电企业、用电企业内部或之间用于经济技术指标分析、考核的计量点,简称考核计量点。

综上,关口计量点主要用于电能贸易结算,设置在产权分界点,计量精度要求高,直接关系到经济利益。考核计量点主要用于内部经济技术指标考核,设置在电网内部的关键节点,计量精度要求相对较低。二者的主要区别如表3-6所示。

表 3-6 关口计量点与考核计量点的区别

类别	关口计量点	考核计量点
用途	用于电能的贸易结算,即发电企业上网电量和电网企业购入电量的计量,直接关系到发电企业和电网企业的经济利益	主要用于内部经济技术指标的分析和考核,对电网的运行效率和经济性有重要影响
精度要求	通常采用高精度的计量装置	计量精度要求相对较低,但需满足内部考核的需要
位置	通常设置在供电点、用电点及电力交换点等产权分界点	通常设置在电网内部的关键节点

7. 电能计量点的位置有哪些?

贸易结算用电能计量装置和考核用电能计量装置的计量点位置可参照《电能计量装置通用设计》（Q/GDW 10347—2023），具体如表 3-7 所示。

表 3-7　　　　　　　　　　　电能计量点位置

用途	适用对象	电能计量点位置	
贸易结算	发电企业	并网线路侧	
		并网线路对侧	
		启备变线路侧	
		启备变线路对侧	
		启备变高压侧	
		主变高压侧	
	电网企业	系统联络线某一侧	
	电力客户	高压供电	系统变电站线路侧
			客户高压线路侧
			客户变压器高压侧
			客户变压器低压侧
		低压供电	三相客户进线侧
			单相客户进线侧
	分布式电源	并网侧	
		发电侧	
		用电侧	
考核	电网企业 发、供电企业等	发电机出口	
		系统联络线某一侧	
		变电站线路侧	

续表

用途	适用对象	电能计量点位置
考核	电网企业 发、供电企业等	变电站主变高（中）、低压侧
		变电站站用变高、低压侧
		无功补偿设备处
		非车载充电机内部电源接入侧
		变电站 10kV 公用线路出线处
		互供互带的 10kV 公用线路联络处
		10kV 公用配电变压器 0.4kV 侧出线处
		单母线接线 10kV 开闭所的工作电源、备用电源进线处和线路出线处
		单母线分段接线 10kV 开闭所的电源进线和线路出线处

8. 什么是用电信息采集系统?

用电信息采集系统是通过先进的通信技术和数据管理手段，对电力用户的用电信息进行采集、处理和监控的系统，实现用电信息的自动采集、计量异常监测、电能质量监测、用电分析和管理等功能，为电力系统的运行管理、客户服务和节能减排提供数据支持。

《用电信息采集系统功能规范》（Q/GDW 10973—2019）对用电信息采集系统进行了定义：对用电信息进行采集、处理和实时监控的系统。实现用电信息的自动采集、计量异常监测、电能质量监测、用电分析和管理、相关信息发布、分布式能源监控、智能用电设备的信息交互等功能。

9. 用电信息采集系统的组成有哪些?

用电信息采集系统主要由智能电能表、采集终端、通信网络、主站系统四部分组成，具体如表 3-8 所示。

表 3-8　　　　　　　　　　用电信息采集系统组成一览表

	名称	功能
用电信息 采集系统	智能电能表	具备多种功能的电能表，不仅能够准确计量电能，还支持数据通信、事件记录、异常报警等功能
	采集终端	安装在用户端的设备，负责采集电能表的数据，并通过通信网络将数据传输到主站。常见的采集终端包括专用变压器采集终端、集中器、采集器等
	通信网络	用于连接采集终端和主站的通信通道，包括光纤专网、无线公网、无线专网等
	主站系统	负责接收、处理和存储采集终端上传的数据，并提供数据管理和分析功能。主站系统通常包括服务器、数据库、应用软件等

10. 什么是用电信息采集终端?

《用电信息采集系统功能规范》（Q/GDW 10373—2019）对其进行了定义，同时将分布式能源监控终端也纳入了用电信息采集终端范畴。

用电信息采集终端：对各信息采集点用电信息采集的设备，简称终端。可以实现电能表数据的采集、数据管理、数据双向传输以及转发或执行控制命令的设备。用电信息采集终端按应用场所分为专用变压器采集终端、集中抄表终端（包括集中器、采集器）、分布式能源监测终端等类型。具体如表 3-9所示。

表 3-9　　　　　　　　　　用电信息采集终端一览表

	名称	定义	适用场景
用电信息 采集终端	专变采集终端	对专变用户用电信息进行采集的设备。可以实现电能表数据的采集、电能计量设备工况和供电电能质量监测，以及客户用电负荷和电能量的监控，并对采集数据进行管理和双向传输	适用于工商业用电大户

续表

名称		定义	适用场景
集中抄表终端（对低压用户用电信息进行采集的设备）	集中器	集中器是指收集各采集器或电能表的数据，并进行处理存储，同时能和主站或手持设备进行数据交换的设备	适用于居民小区和公共变压器区域
	采集器	采集器是用于采集多个或单个电能表的电能信息，并可与集中器交换数据的设备。采集器依据功能可分为基本型采集器和简易型采集器。基本型采集器抄收和暂存电能表数据，并根据集中器的命令将存储的数据上传给集中器。简易型采集器直接转发集中器与电能表间的命令和数据	
用电信息采集终端 分布式能源监控终端		对接入公用电网的用户侧分布式能源系统进行监测与控制的设备，可以实现对双向电能计量设备的信息采集、电能质量监测，并可接受主站命令对分布式能源系统接入公用电网进行控制	适用于分布式电源接入

11. 用电信息采集系统主要有哪些功能？

用电信息采集系统是一个综合性的系统，通过对电力用户的用电信息进行采集、处理和监控，实现多种功能，以支持电力系统的高效运行和管理。《用电信息采集系统功能规范》（Q/GDW 10373—2019）对其相关功能进行了要求：该系统主要功能包括数据采集、数据管理、定值控制、远方控制、综合应用、运行维护管理、系统接口等，具体如表 3-10 所示。

表 3-10　　　　用电信息采集系统功能一览表

序号	功能		备注
1	数据采集	实时和当前数据	必备功能
		历史日数据	必备功能
		历史月数据	必备功能
		事件记录	必备功能

续表

序号	功能		备注
2	数据管理	数据合理性检查	必备功能
		数据计算、分析	必备功能
		数据存储管理	必备功能
3	定值控制	功率定值控制	必备功能
		电量定值控制	必备功能
		费率定值控制	必备功能
4	远方控制	遥控	必备功能
		保电	必备功能
		剔除	必备功能
5	综合应用	自动抄表管理	配合其他业务应用系统
		费控管理	配合其他业务应用系统
		有序用电管理	配合其他业务应用系统
		用电情况统计分析	配合其他业务应用系统
		异常用电分析	配合其他业务应用系统
		电能质量数据统计	配合其他业务应用系统
		线损、变损分析	配合其他业务应用系统
		增值服务	配合其他业务应用系统
6	运维维护管理	系统对时	必备功能
		权限和密码管理	必备功能
		采集终端管理	必备功能
		档案管理	配合其他业务应用系统
		通信和路由管理	必备功能
		运行状态管理	必备功能
		维护和故障记录	必备功能
		报表管理	必备功能
		电能表通信参数的自动维护	必备功能
7		系统接口	配合其他业务应用系统连接

12. 什么是需求响应?

需求响应是指应对短时的电力供需紧张、可再生能源电力消纳困难等情况，通过经济激励为主的措施，引导电力用户根据电力系统运行的需求资源调整用电行为，实现削峰填谷，提高电力系统灵活性，保障电力系统安全稳定运行，促进可再生能源消纳。

即当电力市场价格明显升高或系统安全可靠性受到威胁时，电力用户根据价格信号或激励措施，暂时改变其用电行为，减少或增加用电，从而促进电力供需平衡、保障系统稳定运行的短期行为。

《电力需求响应系统技术导则》（Q/GDW 11568—2016）中对需求响应进行了定义：电力用户对实施机构发布的价格信号或激励机制作出响应，并改变电力消费模式的一种参与行为。

13. 需求响应的意义有哪些?

需求响应在电力系统中具有多方面的重要意义，包括优化电力资源分配、降低系统运行成本、提高电网可靠性、促进可再生能源消纳、提升用户参与度和满意度等，具体如表 3-11 所示。

表 3-11　　　　　　　　　　需求响应意义一览表

		意义
需求响应意义	优化电力资源分配	通过需求响应，可以在电力需求高峰时段减少用电，低谷时段增加用电，从而优化资源的分配，减少电网的峰谷负荷差，减少备用需求和输电阻塞，提高电网的运行效率，增强电网的灵活性和可靠性
	降低系统运行成本	在高峰时段，通过需求响应减少用电需求，可以避免电网在高峰时段的高负荷运行，降低发电成本和输配电成本，减少不必要的损耗，降低系统运行成本

续表

		意义
需求响应意义	提高电网可靠性	通过需求响应,可以在电力供应不足或突发事件情况下,及时调整用电需求,减少电网的负荷压力,降低停电风险,增强系统稳定性
	促进可再生能源消纳	可再生能源的输出具有间歇性和不确定性,通过需求响应可以平滑可再生能源的输出波动,提高可再生能源的消纳能力,增强电网对可再生能源的适应性,推动能源结构的优化和转型
	提升用户参与度和积极度	通过经济激励措施,用户在参与需求响应时可以获得经济补偿或优惠电价,提升用户的参与度和积极性

14. 什么是有序用电?

有序用电是指在可预知电力供应不足等情况下,依靠提升发电功率、市场组织、需求响应、应急调度等各类措施后,仍无法满足电力电量供需平衡时,通过行政措施和技术方法,依法依规控制部分用电负荷,维护供用电秩序平稳的管理工作。

《电力用户有序用电价值评估技术导则》(DL/T 1764—2017)对有序用电进行了定义:在电力供应不足、突发事件等情况下,通过行政措施、经济手段、技术方法,依法控制部分用电需求,维护用电秩序平稳的管理工作。

15. 有序用电的实施原则是什么?

有序用电的实施原则包括有保有压、先错峰后避峰再限电、公平合理、优化措施、预警机制、信息告知和监督检查,这些原则确保在电力供应不足的情况下,通过科学合理的管理措施,维护供用电秩序的平稳,保障居民和重要公共服务的用电需求,同时促进电力资源的合理分配和高效利用。具体实施原则如表 3-12 所示。

表 3-12   有序用电实施原则

		原则
有序用电实施原则	有保有压	优先保障	（1）应急指挥和处置部门，主要党政机关，广播、电视、电信、交通、监狱等关系国家安全和社会秩序的用户。 （2）危险化学品生产、矿井等停电将导致重大人身伤害或设备损坏企业的保安负荷。 （3）重大社会活动场所、医院、金融机构、学校等关系群众生命财产安全的用户。 （4）供水、供热、供能等基础设施用户。 （5）居民生活，排灌、化肥生产等农业生产用电。 （6）国家重点工程、军工企业
		重点限制	（1）违规建成或在建项目。 （2）产业结构调整目录中淘汰类、限制类企业。 （3）单位产品能耗高于国家或地方强制性能耗限额标准的企业。 （4）景观照明、亮化工程。 （5）其他高耗能、高排放、低水平企业。依据高耗能行业重点领域能效标杆水平和基准水平，优先限制能效水平低于基准水平的企业用电需求
	先错峰、后避峰、再限电	错峰用电	在用电高峰期间减少用电，并将这部分用电移至非高峰期间使用，从而减少电网峰谷负荷差，优化资源配置，提高电网安全性
		避峰用电	在用电高峰时段，部分用户主动减少用电，避免电网负荷过高
		限电措施	在电力供应紧张时，对高耗能、高排放、低产值等企业进行限电，确保居民和重要公共服务的用电需求
	公平合理	公平分配	基于各地市工业用户停工天数基本相等原则，并结合各地区度电 GDP 产出情况，公平、公开、合理分配错峰指标和网供指标
		透明管理	各级电力运行主管部门应在迎峰度夏、迎峰度冬前分别修订有序用电方案，并及时向相关电力用户告知有序用电方案，组织开展演练
	优化措施		（1）优化有序用电措施：在电力电量缺口缩小时及时有序释放用电负荷，尽量满足用户合理需求，减少限电损失。 （2）网省间余缺调剂：有序用电方案实施期间，电网企业应在电力运行主管部门指导下加强网省间余缺调剂和相互支援

续表

	原则	
有序用电实施原则	预警机制	按照电力或电量缺口占当期最大用电需求比例的不同，预警信号分为四个等级： Ⅰ级：特别严重（红色、20%以上）； Ⅱ级：严重（橙色、10%以上～20%以下）； Ⅲ级：较重（黄色、5%以上～10%以下）； Ⅳ级：一般（蓝色、5%以下）
	信息告知	除紧急状态外，在对用户实施、变更、取消有序用电措施前，电网企业应通过公告、电话、传真、短信、网络等方式履行告知义务。其中，实施有序用电应至少于前一天告知
	监督检查	有序用电方案实施期间，各级电力运行主管部门应对方案执行情况组织监督检查，并按照以下规定进行处理： （1）对执行方案不力、负荷压降不及预期或擅自超限额用电的电力用户，应责令改正，必要时由电网企业通过新型电力负荷管理系统进行负荷控制，相关后果由用户承担；情节严重并可能影响电网安全的，电网企业履行政府报备并按程序停止供电。 （2）对违反有序用电方案和相关政策的电网企业，要责令改正；情节严重的，要依法依规追究相关责任。 （3）对违反有关规定的政府部门相关人员，要责令改正；情节严重的，依法依规给予行政处分。 （4）对违反有序用电方案，因此导致出现电网安全或影响民生及重要用户的严重不良事件，依法依规追究相关责任

16. 需求响应与有序用电的区别是什么?

需求响应和有序用电都是电力系统负荷管理的重要手段，但需求响应更注重通过经济激励和智能技术引导用户自愿参与，而有序用电则通过行政措施确保电网安全和社会责任。两者共同作用，可以有效优化电力资源的配置，提高电网的运行效率和可靠性。需求响应与有序用电在实施目标、手段、用户参与等方面存在一定的区别，具体如表 3-13 所示。

表 3-13 需求响应与有序用电的区别

类别	需求响应	有序用电
目标	优化电力资源分配，提高电网灵活性	保障电网安全，维护供用电秩序
实施手段	经济激励，智能技术，用户参与	行政措施，经济手段，技术方法
用户参与	自愿参与，智能设备，经济收益	强制参与，行政命令，社会责任
应用场景	工业、商业、居民用户	工业、商业、居民用户

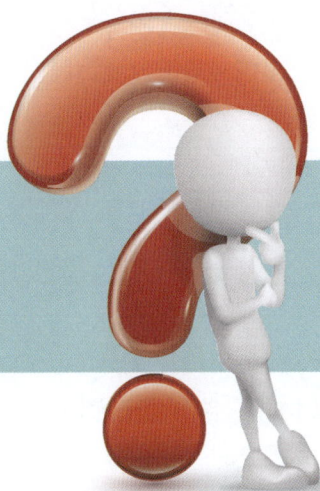

第四章　配电通信网

1. 什么是电力通信网?

电力通信网是专门为电力系统运行、管理和控制服务的通信网络,是电力系统的重要组成部分。它通过各种通信技术和手段,实现电力系统内部信息的传输、交换和处理,确保电力系统的安全、稳定、可靠运行。电力通信网是电力系统的"神经系统",更是电力系统智能化、数字化的核心支撑,随着电力系统规模的不断扩大和智能化需求的提升,电力通信网的重要性将愈发凸显。

《电力通信网规划设计技术导则》(Q/GDW 11358—2019)对电力通信网进行了定义:支撑和保障电网生产运行,由覆盖各电压等级电力设施、各级调度等电网生产运行场所的电力通信设备所组成的系统。

2. 电力通信网有哪些分类?

电力通信网是电力系统除电网外的另一张实体网络,按层级架构分为骨干通信网和终端通信接入网,其中电力骨干通信网按层级架构分为省际骨干通信网、省级骨干通信网、地市骨干通信网三个层级;按功能分为传输网、业务网和支撑网三类网络。终端通信接入网包含 10kV 通信接入网和 0.4kV 通信接入网。

《电力通信网规划设计技术导则》(Q/GDW 11358—2019)对省际骨干通信网、省级骨干通信网及地市骨干通信网进行了定义。具体分类如表 4-1 所示。

表 4-1   电力通信网分类

	按层级划分		按电压等级划分
	名称	定义	
电力通信网	骨干通信网 省际骨干通信网	公司总部(分部)至省公司、直调发电厂及变电站以及分部之间、省公司之间的通信系统	35kV 及以上厂站
	省级骨干通信网	省(自治区、直辖市)电力公司至所辖地市电力公司、直调发电厂及变电站,以及辖区内各地市公司之间的通信系统	

续表

名称	按层级划分		按电压等级 划分
	名称	定义	
电力通信网	骨干通信网 地市骨干 通信网	地市公司至所属县公司、地市及县公 司至直调发电厂、35kV 及以上电压等 级变电站及供电所（营业厅）等的通信 系统	35kV 及 以上厂站
	终端通信 接入网	10kV 通信接入网	10kV 电压 等级
		0.4kV 通信接入网	0.4kV 电压 等级

3. 什么是配电通信网?

在介绍配电通信网之前需先了解什么是配电网。《配电网规划设计规程》（DL/T 5542—2018）中对配电网进行了定义：从电源侧（输电网和各类发电设施）接受电能，并通过配电设施就地或逐级分配给各类用户的电力网络。其中，35～110kV 电网为高压配电网，10（20、6）kV 电网为中压配电网，380/220V 电网为低压配电网。

因此，配电通信网为覆盖了 110kV 及以下各电压等级电力设施及各类场所的通信设备所组成的网络。配电通信网又包含了地市骨干通信网和终端通信接入网（10kV 通信接入网及 0.4kV 通信接入网），具体如表 4-2 所示。

表 4-2   配电通信网的分类

名称	按层级划分		按电压等级划分
配电通信网	骨干通信网	地市骨干通信网	35～110kV 电压等级厂站
	终端通信接入网	10kV 通信接入网	10kV 电压等级
		0.4kV 通信接入网	0.4kV 电压等级

注 本书主要关注配电通信网中的终端通信接入网。

❓ 4. 什么是终端通信接入网?

终端通信接入网是电力通信网的重要组成部分,主要负责将电力系统中的终端设备(如配电设备、智能电表、充电桩等)接入到电力通信网中,实现终端设备与电力系统主站之间的信息传输和交互。它是电力通信网的"最后一公里",直接服务于配电网和用户侧的通信需求。因此,终端通信接入网是指连接10kV及以下配电网中的终端设备与上级通信网络的通信系统,它向上与电力骨干通信网相连,向下为各类终端设备提供通信接入服务。

《电力通信网信息安全 第 5 部分:终端通信接入网》(Q/GDW 11345.5—2022)对终端通信接入网进行了定义:电力系统通信网的重要组成部分,电力系统骨干通信网络的延伸,提供业务终端与电力骨干通信网之间的连接通道,实现业务终端与业务系统间的信息交互,具有业务承载和信息传送功能,分为10kV通信接入网和0.4kV通信接入网两部分。

《终端通信接入网工程典型设计规范》(Q/GDW 1807—2012)中给出了终端通信接入网的网络结构图,如图4-1所示。

❓ 5. 什么是 10kV 通信接入网?

10kV 通信接入网主要承载配电自动化、配电运行监控、配变监测、分布式电源控制等业务,并作为0.4kV通信接入网承载业务的上传通道。

《电力通信网规划设计技术导则》(Q/GDW 11358—2019)中对 10kV 通信接入网进行了定义:变电站 10kV(20kV/6kV)出线至配电网开关站、配电室、环网单元、柱上开关、配电变压器、分布式电源站点、电动汽车充换电站等的通信系统。

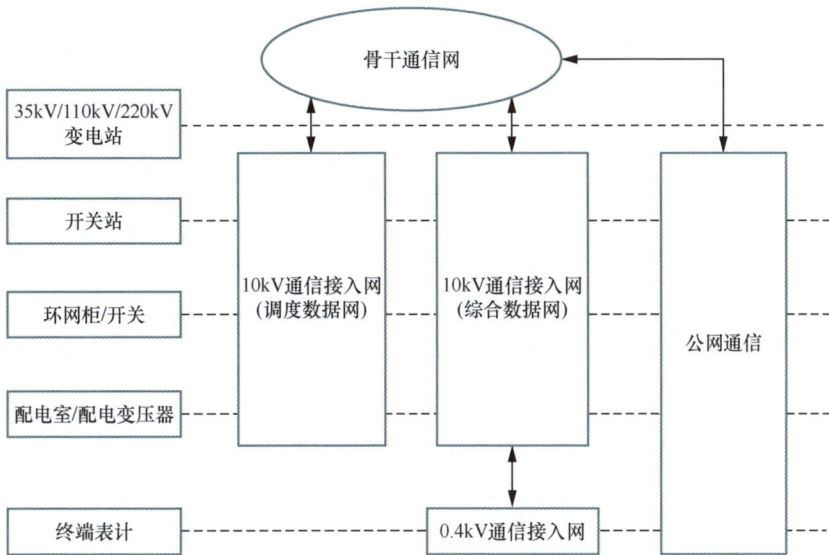

图 4-1　终端通信接入网网络结构图

❓ 6. 10kV 通信接入网有哪些特点?

10kV 通信接入网的特点主要有:

网络节点多:覆盖范围广,连接大量配电终端设备。

业务需求多样:配电自动化、分布式电源接入、配变监测与电能质量监测等多种业务。

通道要求高:配电自动化业务要求快速传输指令及信息,对时延和可靠性要求高。

通信距离短:主要服务于配电网内部,通信距离相对较短。

通信方式多样:根据实际需求,可采用光纤、无线、电力线载波等通信方式。

与骨干通信网的协同性:需要与骨干通信网无缝对接,实现数据的高效传输和交互。

7. 10kV 通信接入网的通信方式有哪些？

《电力通信网规划设计技术导则》（Q/GDW 11358—2019）中要求：10kV 通信接入网可分为有线和无线两种组网模式，组网要求扁平化。无线组网可采用无线公网和无线专网方式，有线组网可采用光纤（工业以太网、EPON）、中压载波等通信技术。

10kV 通信接入网的通信方式主要包括光纤通信、无线通信和电力线载波通信，其优缺点如表 4-3 所示。

表 4-3   10kV 通信接入网通信方式一览表

通信方式		优点	缺点
光纤通信	无源光网络（PON）	能够支持高速数据传输，满足大数据量高带宽业务需求；信号衰减小，传输距离远，适合长距离通信；抗干扰能力强，适用于工业环境；专用网络，安全性高	建设成本高，光缆敷设难度大，尤其在城市区域；光缆易损坏，施工和运维成本高
	工业以太网		
无线通信	无线公网 APN	覆盖范围广，易于实现远程通信；无需自建网络，初期投资少，成本低；租用公网运营商资源，无需专业团队，运维成本低	安全性和可靠性相对较低，需采取加密和认证措施；数据传输速率和 QoS 难以保障，不适合高实时性业务
	无线公网 VPN		
	无线专网	施工简便，无需布线；安全性高，适合高安全需求场景；应用范围广，可定制化程度高	频谱资源有限，可能与其他行业共用频谱；受基站覆盖能力限制，覆盖范围有限；在复杂地形中信号稳定性可能受到影响
电力线载波通信		利用现有电力线路，无需额外布线，施工简便；专网运行，安全性高	受电力线路运行状态影响大，信号容易受到干扰；带宽受限，传输速率低，难以满足大数据量业务

8. 什么是无源光网络（PON）？

无源光网络（Passive Optical Network，PON）是一种光纤通信技术，它使用点对多点的拓扑结构，通过一个中央节点（光线路终端 Optical Line Terminal，OLT）将光信号分发到多个用户端（光网络单元，Optical Network Unit，ONU）。PON 的核心特点是光分配网络（Optical Distribution Network，ODN）中不包含任何有源电子设备，全部由光纤、光分路器等无源器件组成，因此被称为"无源"网络。PON 系统的参考模型如图 4-2 所示。

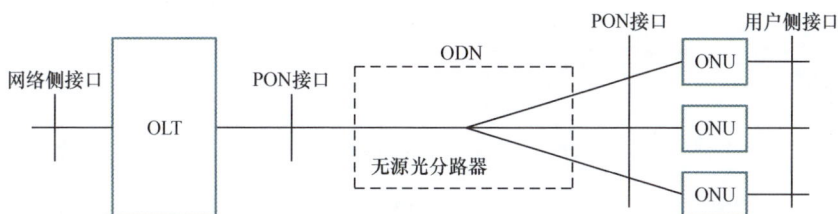

注：ODN中的无源光分路器可以是一个或多个光分路器的级联。

图 4-2　PON 系统参考模型

PON 系统为单纤双向系统。下行方向（OLT 到 ONU），采用广播方式，OLT 发送的信号通过 ODN 到达各个 ONU。上行方向（ONU 到 OLT），采用时分多址（TDMA）接入方式，ONU 发送的信号只会到达 OLT，而不会到达其他 ONU。PON 系统的组成如表 4-4 所示。

表 4-4　　　　　　　　　　　PON 系统组成

名称		功能
OLT （Optical Line Terminal）	光线路终端	位于网络中心，负责与上级网络连接； 提供光信号的发送和接收功能； 管理和控制整个 PON 系统
ODN （Optical Distribution Network）	光分配网络	负责将 OLT 发出的光信号分配到多个用户端； 将光信号无损地分配到多个分支

续表

名称		功能
ONU （Optical Network Unit）	光网络单元	位于用户端，负责光电信号转换，及接收和发送信号

时分多址（Time Division Multiple Access，TDMA），是一种数字无线通信传输技术，它允许多个用户共享相同的频率带宽。TDMA 的核心思想是将时间划分为多个固定长度的时间片，每个时间片称为一个时隙，系统为每个用户分配一个或多个时隙，用户仅在自己的时隙内发送或接收数据。

9. PON 的工作原理是什么？

PON 的工作过程包括下行传输和上行传输两个方向，其中下行传输为 OLT 到 ONU，采用广播方式；上行传输为 ONU 到 OLT，采用 TDMA 技术。具体如表 4-5 所示。

表 4-5　　　　　　　　　　　　PON 系统工作原理

阶段		原理
下行传输 （OLT 到 ONU）	光信号的产生与调制	OLT 将电信号调制成光信号，并使用特定波长通过光纤发送到 ONU
	光信号的分配	光分路器将 OLT 发出的光信号分配到多个 ONU；每份信号包含相同的信息
	光信号的接收与解调	ONU 将接收到的光信号转换为电信号；ONU 根据报文中的标识选择性接收属于自己的数据，忽略其他 ONU 的数据
上行传输 （ONU 到 OLT）	TDMA 技术	PON 系统将上行传输时间划分为多个时隙，OLT 为每个 ONU 分配特定的时隙
	突发模式发送	ONU 仅在分配的时隙内发送数据，以突发模式将数据包发送到 OLT。这种方式避免了多个 ONU 之间的信号冲突

阶段	原理	
上行传输 （ONU 到 OLT）	同步机制	OLT 通过测距技术调整每个 ONU 的发送时间,确保所有 ONU 的信号在 OLT 端同步到达

10. PON 有哪些组网模式?

PON 的典型组网模式有星型、树型、总线型、混合型等,具体如图 4-6 所示。

表 4-6   PON 的典型组网模式

类型	拓扑结构	特点	优势	局限性
星型		OLT 通过一个光分路器直接连接所有 ONU,结构简单,适用于小规模的 PON 网络	管理简单,成本较低	扩展性有限,一旦光分路器或 OLT 出现故障,整个网络可能受到影响
树型		OLT 通过主干光纤连接到多个光分路器,光分路器再连接到各个 ONU,形成树状拓扑	扩展性强,能够覆盖更广泛的区域,适合大规模用户接入	中间节点较多,故障点增加,网络管理复杂度较高
总线型		采用单根光纤作为传输链路,所有 ONU 沿着光纤依次连接	适合用户分布较为线性的场景,可方便地在总线上增加新的 ONU,扩展灵活	对 ONU 的光接收动态范围要求较高,增加了设备成本

续表

类型	拓扑结构	特点	优势	局限性
总线型	OLT —▷—▷—▷— OLT，ONU ONU ONU			
混合型	OLT —◁ ONU / ONU —◁— ▷ / ONU ONU ONU	结合上述几种拓扑结构的特点	可以根据实际网络需求和用户分布灵活地设计网络结构，提高资源利用率，降低成本	增加了网络设计和管理的复杂性

11. PON 的主要技术有哪些?

EPON（Ethernet PON）、GPON（Gigabit PON）和 10G-GPON（10 Gigabit GPON）是目前最主流的 PON 技术，它们具有不同的技术特点和应用场景，具体如表 4-7 所示。

表 4-7　　　　　　　　PON 主要技术特点及应用场景

特性	EPON	GPON	10G-GPON
下行速率	1.25Gbps	2.488Gbps	10Gbps
上行速率	1.25Gbps	1.25Gbps	2.5Gbps
协议标准	IEEE 802.3ah	ITU-T G.984	ITU-T G.987
成本	较低	中等	较高
兼容性	与以太网完全兼容	支持多种业务类型	与 GPON 兼容，支持平滑升级
优势	成本低，技术成熟	高带宽、灵活性高	超高带宽、未来扩展性好
应用场景	家庭宽带接入、商业用户、企业网络、农村或偏远地区的宽带接入等	家庭宽带接入、商业用户、企业网络、社区宽带接入等	高清视频、云服务、物联网等

12. 什么是工业以太网?

工业以太网是基于 IEEE 802.3 标准的局域网技术,是一种专为工业环境设计的网络通信技术。它基于标准的以太网协议,针对工业应用的特殊性需求进行优化和增强,是一种基于以太网技术专用于工业自动化和控制系统的数据通信和传输网络。与传统以太网相比,工业以太网具有更高的可靠性、实时性和安全性。

13. 工业以太网的组网模式有哪些?

工业以太网的组网模式主要根据其应用场景和需求选择不同的拓扑结构,常见的组网模式有星型、线型、树型、环型、网格型等,各种组网模式的特性如表 4-8 所示。

表 4-8   工业以太网组网模式

拓扑结构	特点	优点	缺点	适用场景
星型	以交换机为中心,各终端设备直接连接到交换机上	易于管理、故障定位准确,便于集中控制和监控	交换机成为单点故障源,一旦交换机故障,整个网络瘫痪	适用于小型工业系统或对可靠性要求不高的场景
线型	所有设备依次串联,数据沿着单一路径传播	结构简单、成本低,适合线性分布的设备	可靠性差,单个节点故障易导致整个网络瘫痪	适用于设备分布较为线性的工业环境,如生产线
树型	结合了星型和线型拓扑的优点,通过交换机连接多个星型拓扑网络形成树型结构	灵活性高,可扩展性强,适合大规模工业网络	管理和维护相对复杂,故障排查难度较大	适用于中大型工业系统,尤其是设备分布较为分散的场景
环型	设备以环形方式连接,数据在环形路径中传播	冗余设计提高了网络的可靠性,单点故障不会导致整个网络瘫痪	环路设计复杂,需要特定的协议来避免环路冲突	适用于对可靠性要求较高的工业环境

71

续表

拓扑结构	特点	优点	缺点	适用场景
网格型	多个交换机通过多个路径相连，形成网络状结构	高度冗余，可靠性极高	组网复杂，成本高，管理和维护难度大	适用于大规模、高可靠性需求的工业网络
EtherCAT 型	一种高速实时以太网技术，支持星型、线型、树型、环型、网格型等多种拓扑结构，具备高灵活性和同步性			

工业以太网的组网模式选择需综合考虑应用场景、可靠性要求、成本和维护难度等因素。星型拓扑适合小型系统，环型和树型拓扑适合中大型系统，而网格型拓扑则适用于超大型、高可靠性需求的场景。EtherCAT 技术因其高灵活性和同步性，成为工业自动化领域的热门选择。

14. 无线通信方式有哪些?

无线通信方式主要包括电力无线专网和无线公网通信方式。

电力无线专网是电力系统用于满足电力业务通信需求的专用无线网络，具有灵活性高、覆盖范围广、抗干扰能力强等特点。

无线公网是指由网络服务提供商建设，供公共用户使用的通信网络，具有覆盖范围广、接入灵活、成本低等优势，但也存在一定的稳定和安全风险。

《电力通信网信息安全 第 5 部分：终端通信接入网》（Q/GDW 11345.5—2020）分别对其进行了定义：

电力无线专网：电力公司主导建设、专用于电力业务，采用广域无线技术通信网络系统。

无线公网：由运营商建设运维的无线网络系统。

《电力通信网规划设计技术导则》（Q/GDW 11358—2019）要求：采用无线公网通信方式时，应选用专线 APN 接入、VPN 访问控制、认证加密等安全措施。

15. 什么是 APN?

APN（Access Point Name，接入点名称）是移动网络中的一个重要概念，用于标识和配置网络接入点。它允许移动设备通过运营商的网络连接到互联网或其他专用网络。APN 在移动互联网、物联网和企业网络访问中发挥着关键作用。通过合理的配置和管理，APN 可以提供高效、安全的网络接入服务。表 4-9 给出了 APN 的主要作用和分类。

表 4-9　　　　　　　　　　　APN 的主要作用及分类

类型		作用及分类
APN 的作用	网络连接	通过 APN，移动设备可以连接到互联网或其他专用网络
	身份认证	用于验证设备的接入权限，确保只有授权用户可以访问网络资源
	数据传输	APN 配置了数据传输的参数，如 IP 地址分配、DNS 服务器地址、网关地址等，确保设备能够正常通信
APN 的分类	公共 APN	用于连接到互联网，通常不需要特殊配置，由运营商提供默认设置，适用于普通用户日常上网需求
	专用 APN	用于连接到企业内部网络或其他专用网络，通信需要额外的配置和身份验证，以确保安全性；适用于企业员工远程访问公司内部网络
	VPDN（Virtual Private Dial-up Network，虚拟专用拨号网络）	一种特殊的专用 APN，通过加密隧道技术实现安全的远程访问，适用于对安全性要求较高的场景，如金融、政府机构等

16. 什么是 VPN?

VPN（Virtual Private Network，虚拟专用网络）是一种重要的网络安全技术，通过加密和身份认证等手段，在公共网络上创建安全的专用通道。它允许远程用户和分支机构通过一个不安全的网络（通常是互联网）与企业内部网络建立一个安全的连接。可以理解为虚拟出来的内部专线，它可以通过特殊的加密的通信协议在连接在互联网上的位于不同地方的两个或多个企业内部网络之间建立一条专用的通信线路，就好比是架设了一条专线一样，但是它并不需要真正地去铺设光缆之类的物理线路。VPN 技术是网络安全和远程工作领域中的一个重要工具，它为数据传输提供了一个安全可靠的通道。

17. APN 与 VPN 的区别有哪些?

APN 与 VPN 在功能、应用场景、安全性等方面均有不同的侧重，具体如表 4-10 所示。

表 4-10　　　　　　　　　APN 与 VPN 的区别

类型	APN	VPN
功能	主要用于移动设备通过移动网络连接到互联网或其他专用网络；侧重于网络接入和身份验证	用于在公共网络上建立安全的专用网络，确保数据传输的安全性和隐私性；侧重于数据加密和安全传输
应用场景	适用于移动互联网、物联网和企业网络访问	适用于远程办公、网络安全、跨境访问等场景
安全性	主要通过身份验证和访问控制确保安全性	通过加密算法和身份认证技术，确保数据的安全性和隐私性

总的来说，APN 和 VPN 均涉及数据连接和网络访问，它们都可以用于实现数据传输和访问控制，APN 主要负责移动设备的网络接入，而 VPN 则负责在公共网络上创建安全的私密连接。它们在功能和应用上有所不同，但在某些情况下，用户可以同时配置 APN 和 VPN 来实现更安全的数据传输和访问控制。

？ 18.　什么是电力线载波通信?

电力线载波(Power Line Carrier,PLC)是一种利用电力线作为通信媒介的技术,通过在电力线上叠加高频信号来实现数据传输。它不需要额外铺设通信线路,只要有电线,就能进行数据传输,因此具有成本低、部署方便的特点。但是电力线路不是为了数据传输而设计,其复杂的网络结构和分布参数会导致信号衰减严重,而且电力线路本身就是噪声源,存在极大的电磁干扰。

《终端通信接入网设备网管北向接口及检测规范　第4部分:电力线载波部分》(Q/GDW 11949.4—2018)中对电力线载波通信进行了定义:简称PLC,利用电力线作为传输通道来实现数据传送的一种通信方式,根据传输线路电压的等级,可以将其分为高压载波(35kV及以上)、中压载波(10kV)和低压载波(380/220V)。

目前,高压电力线载波极少应用,中压电力线载波在配电自动化领域中少量应用,低压电力线载波通信在智能电网、远程抄表等领域得到了广泛的应用。

？ 19.　什么是0.4kV通信接入网?

0.4kV通信接入网原主要指用于用电信息采集、电动汽车充换电设施等的通信网络,随着新型电力系统的发展,分布式能源大量接入,0.4kV通信接入网覆盖范围越来越广,承载业务由原管理类业务向调控类业务延伸,重要性日益凸显。

《终端通信接入网工程典型设计规范》(Q/GDW 1807—2012)对0.4kV通信接入网进行了定义:指覆盖10kV(或20kV/6kV)变压器的0.4kV出线至低压用户表计、电力营业网点、电动汽车充换电设施和分布式电源等的通信网络,主要承载用电信息采集、用电营业服务、用户双向互动等业务。

《国家电网通信管理系统规划设计 第 10 部分：终端通信接入网》（Q/GDW 1872.10—2013）提到：0.4kV 通信接入网主要覆盖 0.4kV 配电变压器至用户电表、电动汽车充电桩、分布式能源站点等，并延伸至用户室内，用于实现双向互动用电服务、智能家电控制及增值业务服务，主要承载用户用电信息采集本地通道、电力光纤到户等业务。

《电力通信网信息安全 第 5 部分：终端通信接入网》（Q/GDW 11345.5—2020）中提到：0.4kV 通信接入网指用户表计至集中器的通信接入网络。

0.4kV 通信接入网的定义较少，因各规范、标准制定时间不一、电网发展形态不一、侧重点不同，具有一定差异。

❓ 20. 0.4kV 通信接入网有哪些通信方式?

0.4kV 通信接入网又分为本地通信网和远程通信网。

本地通信网是指在有限范围内实现设备间数据传输和信息交互的通信网络。本地通信的距离较短，通常在几厘米到几百米之间，具有低延迟、高带宽、低功耗和高安全性的特点。其通信方式主要有 PLC、HPLC、ZigBee、蓝牙、Wi-Fi、LoRa 等。

远程通信网是指实现远距离设备或系统之间的信息传输和交互的通信网络。它的传输距离通常远大于本地通信网，其核心目标是实现高效、可靠的数据传输，支持各种复杂的应用场景。其通信方式主要有光纤通信、无线通信等。

《配电物联网技术规范》（Q/GDW 12324—2023）中针对配电物联网领域给出了本地通信网和远程通信网的定义。

本地通信网：端设备至边设备、端设备至端设备、边设备至边设备的通信系统。

远程通信网：边设备或端设备至云平台的通信系统。

21. 什么是 HPLC?

HPLC（High-Speed PLC，高速电力线载波通信技术），也称宽带电力线载波通信，是在低压电力线上进行数据传输的宽带电力线载波技术。20 世纪 90 年代，电能表集抄业务的开展推动了 PLC 技术的发展，但随着业务需求的发展，电采业务的数据量和实时性的需求显著提升，PLC 的支撑出现瓶颈，HPLC 就是应对不断提高的电采和配网采集需求，针对低压台区"最后一公里"电力线信道特点，专门设计的载波通信技术。随着分布式能源、电动汽车的规模化应用，HPLC 在光伏电站逆变器监控测量、充电设施与电动汽车之间的信息交互等领域也有应用。

22. PLC 与 HPLC 有什么区别?

PLC 与 HPLC 都是利用电力线作为传输介质的通信技术，HPLC 是 PLC 技术的升级版本，专门针对高速数据传输需求而设计。它们在通信速率、抗干扰能力、应用场景等方面均有不同，具体如表 4-11 所示。

表 4-11　　　　　　　　　　　PLC 与 HPLC 的区别

特点	PLC	HPLC
通信速率	低速（通常<100kbit/s）	高速（1Mbit/s 以上）
抗干扰能力	在较低频段，抗干扰能力相对较弱	由于通信速率高，可以迅速进行重发，确保数据可靠
调制技术	简单调制（如 FSK、PSK 等）	高级调制（如 OFDM 等）
远程控制能力	难以实现实时抄通	能够实现远程控制通断电功能
成本	低，适合低成本场景	略高，但性价比高
兼容性	与现有电力线兼容	兼容 PLC，可无缝升级
适用范围	被更多的应用于传统的电力系统自动化，不需要更高速数据传输的场景	适用于对通信速率和效率要求更高的场景，如智能抄表、分布式光伏、电动汽车有序充电等

23. ZigBee、蓝牙、Wi-Fi、LoRa 有哪些区别?

ZigBee、蓝牙、Wi-Fi、LoRa 是常见的无线通信技术，它们在频率范围、传输距离、功耗、数据速率和应用场景等方面存在显著区别，具体如表 4-12 所示。

表 4-12　　　　　ZigBee、蓝牙、Wi-Fi、LoRa 的区别

类别	ZigBee	蓝牙	Wi-Fi	LoRa
频率范围	2.4GHz（全球通用）868MHz（欧洲）915MHz（北美）	2.4GHz	2.4GHz 和 5GHz	433MHz（中国）868MHz（欧洲）915MHz（北美）
通信距离	传输距离在 10～100m 之间，适合短距离通信	传输距离有限，通常在 10m 左右，但最新版本理论上可以扩展到 300m	室内可达 30m 左右，室外可达 100m 甚至更远	传输距离可以达到几公里到十几公里，适合长距离通信
功耗	功耗非常低，非常适合电池供电的设备	低功耗版本（BLE）适合低功耗应用，但传统蓝牙功耗较高	功耗相对较高，不适合电池供电的设备	低功耗，电池寿命可达数年之久
传输速率	速率为20～250kbit/s，适合低数据速率的应用	传输速率快，可以达到1～3Mbit/s	高速数据传输，可以达到数百Mbit/s 甚至更高	数据传输速率300～37.5kbit/s，取决于使用的带宽和扩频因子
网络拓扑	支持星型、树型和网状拓扑，具有很好的网络扩展性和灵活性	通常采用点对点或简单的主从拓扑	通常采用星型拓扑，每个设备都直接连接到中心的接入点	通常采用星型拓扑，终端设备直接与一个或多个网关通信
安全性	采用 AES-128 加密算法来确保数据的保密性，提供数据完整性检查和身份验证功能	提供多种安全措施，包括配对和加密，但不同设备间协议不兼容可能导致安全问题	提供 WEP、WPA、WPA2 等安全协议，但安全性取决于配置和实施	通过多层加密的方式提供数据安全支持，包括 AES-128 块算法的两个密钥

综上，可以看出，ZigBee 适合低功耗、低速率物联网设备，支持大规模组网；蓝牙适合短距离、低功耗的设备，如耳机、可穿戴设备等；Wi-Fi 适合高数据速率场景，如家庭网络和办公网络等；LoRa 适合长距离、低功耗的物联网应用。

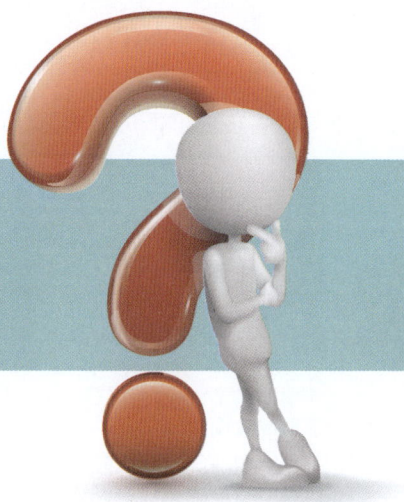

第五章　电能质量

1. 什么是电能质量?

电能质量是指电力系统中电能的质量,反映电力供应的可靠性和稳定性。它涉及电力系统中电能的各项特性指标是否符合标准和用户的需求。电能质量的好坏直接影响到电力系统的安全运行、设备的使用寿命以及用户的用电体验。

《电能质量 术语》(GB/T 32507—2024)中对电能质量的定义为:电力系统指定点处的电特性,关系到电气设备正常工作(或运行)的电压、电流、频率的各种指标偏离基准技术参数的程度。

基准技术参数一般是指理想供电状态下的指标值,这些参数可能涉及电源、电网及负荷之间的兼容性。

一般来说导致用电设备故障或不能正常工作的电压、电流或频率偏差的任何电力问题均为电能质量问题。

2. 影响电能质量的因素有哪些?

随着电力系统中非线性、冲击性、非对称性以及敏感性负荷的不断增长,影响电能质量的因素越来越多,主要有自然因素、电力设备及运行、用户侧负荷、分布式能源接入等多个方面,具体如表 5-1 所示。

表 5-1　　　　　　　　　　影响电能质量的因素

因素		现象
自然因素		自然现象对电能质量的影响主要体现在供电可靠性上,如雷击、风暴、雨雪等极端天气可能导致电网故障,降低供电的稳定性
电力设备及运行因素	设备启动或停运	大型电力设备(如电机、变压器)的启动和停运会导致电压暂降或暂升
	自动保护装置	自动开关的跳闸及重合闸操作可能会引起瞬态过电压,影响电能质量
用户侧负荷特性	非线性负荷	如变频器、整流器、计算机等设备会产生谐波,导致电压波形畸变

续表

因素		现象
用户侧负荷特性	冲击性负荷	如电弧炉、大型轧钢机、电气化机车等设备运行时会产生电压波动和闪变
	三相不平衡	不平衡的工业负荷可能导致三相电压不平衡，影响电能质量
分布式能源接入		分布式能源的规模化接入，其间歇性和不稳定性可能对电网电压和频率产生影响，进而影响电能质量
其他干扰源	电气化铁路	电力机车的运行会产生谐波和负序
	城市轨道交通	有轨电车、地铁、轻轨等设备运行会产生谐波和电压波动
	电焊机、电铲、升降机	这些设备运行会产生谐波和闪变

《电能质量评估技术导则》（Q/GDW 10651—2023）给出了典型电能质量干扰源，如表 5-2 所示。

表 5-2　　　　　　　　　　典型电能质量干扰源

名称	所属行业	主要关注的电能质量指标
交流电弧炉	冶金、机械	谐波（间谐波）、电压波动和闪变、负序
电热炉	冶金、机械、化工	谐波、负序
电解设备	冶金、机械、化工	谐波
中频炉	冶金、机械、化工	谐波、电压波动和闪变
直流电弧炉、精炼炉	冶金、机械	谐波、电压波动和闪变
交、直流轧机、大型电动机	冶金	谐波（间谐波）、电压波动和闪变
电焊机	冶金、机械、造船	谐波、闪变
电铲、升降机、门吊等	冶金、机械等	谐波、闪变
单（多）晶硅（锗）生产设备	新能源	谐波
电气化铁路	交通	谐波、负序、电压偏差
有轨及无轨电车、地铁、轻轨	交通	谐波
电动汽车充电站	交通	谐波
变频电机、水泵	公用事业、电厂、冶金、化工等	谐波

名称	所属行业	主要关注的电能质量指标
变频空调、大型电梯、节能照明设备	商业、市政、民用等	谐波
UPS、开关电源、逆变电源	电子、通信等	谐波
高压直流换流站	电力	谐波、电压波动 [a]
风电场	电力	闪变、暂降、谐波（间谐波）、电压偏差
光伏电站	电力	谐波、闪变 [a]、电压偏差

[a] 光伏电站和高压直流换流站也会产生直流。

3. 电能质量有哪些分类？

电能质量现象涉及电压偏差、电压波动与闪变、电压暂降与短时中断、三相电压不平衡、频率偏差、波形畸变等。电能质量主要特征表现为：

频率：工频频率变化，以及出现除工频外的其他频率分量。

幅值：相对于标称值的偏差。如电压偏差、电压波动与闪变、三相电压不平衡、暂时或瞬态过电压、电压暂升或暂降。

波形：波形畸变。如直流偏置、谐波、间谐波、陷波和噪声。

持续时间：瞬态、暂态、短时间和长时间。

衡量电能质量的指标主要有电压质量、频率质量、波形质量等，按其对电能质量进行分类，具体如表 5-3 所示。

表 5-3   按衡量指标分类及影响

依据	分类	影响
电压质量指标	电压偏差	电压过高可能导致设备过热、绝缘老化；电压过低可能导致设备无法正常工作
	电压波动与闪变	可能导致照明闪烁，影响视觉效果，对敏感设备（如计算机、精密仪器）造成干扰

依据	分类		影响
电压质量指标	电压暂降与短时中断		可能导致敏感设备（如计算机等）误动作或停机、生产线停顿、数据丢失等
	三相不平衡		可能降低电动机效率、增加变压器损耗、导致设备过热
频率质量指标	频率偏差		可能影响电动机的转速和效率，对精密设备和控制系统产生负面影响
波形质量指标	波形畸变	直流偏置	影响变压器和电抗器的磁饱和特性，导致过热和设备损坏
		谐波	增加设备损耗、降低设备效率、影响电能质量、干扰通信系统
		间谐波	可能导致电压波动、闪变、设备过热、保护装置误动作等
		陷波	可能导致设备过热、绝缘损坏、保护装置误动作等
		噪声	影响电子设备的正常运行，导致信号传输误差

4. 什么是电压偏差?

《电能质量评估技术导则 供电电压偏差》（DL/T 1208—2013）对电压偏差进行了定义：实际运行电压对系统标称电压的偏差相对值，以百分比表示。并给出了电压偏差限值及供电电压监测点设置原则，具体如表 5-4、表 5-5 所示。

表 5-4 电压偏差限制

电压等级	允许电压偏差限值
35kV 及以上	正、负偏差绝对值之和不超过标称电压的 10%
20kV 及以下三相供电	电压偏差为标称电压的±7%
220V 单相供电	偏差值为标称电压的+7%、–10%
其他	对供电点短路容量较小，供电距离较长以及对供电电压偏差有特殊要求的用户，限值由供、用电双方协议确定

表 5-5　　　　　　　　　　　　电压偏差监测点设置原则

类别			设置原则
供电电压	A 类	带地区供电负荷的变电站和发电厂的 20、10（6）kV 母线电压	变电站内两台及以上变压器分列运行，每段母线均设置监测点
			一台变压器低压侧为分列母线运行，只需在一段母线设置监测点
	B 类	20、35、66kV 专线供电的和 110kV 及以上供电电压	20、35、66kV 专线供电的宜设置在产权分界处，110kV 及以上非专线供电的应设置在用户变电站侧
			对于两路电源供电的 35kV 及以上用户变电站，用户变电站母线未分列运行，只需设置一个电压监测点；用户变电站母线分列运行，且两路供电电源为不同变电站的应设置两个电压监测点；用户变电站母线分列运行，两路供电电源为同一变电站供电，且上级变电站母线未分列运行，只需设一个电压监测点；用户变电站母线分列运行，双电源为同一变电站供电，且上级变电站母线分列运行，应设置两个电压监测点
			用户变电站高压侧无电压互感器，电压监测点设置在给用户变电站供电的上级变电站母线侧
	C 类	20、35、66kV 非专线供电的和 10（6）kV 供电电压	每 10MW 负荷至少应设一个电压监测点
			电压监测点应安装在用户侧
			负荷计算方法：C 类负荷=C 类用户年度售电量/统计小时数
			应选择高压侧有电压互感器的用户，不考虑设在用户变电站低压侧
	D 类	380V/220V 低压网络和用户端的电压	每百台公用配电变压器至少设两个电压监测点，不足百台的按百台计算，超过百台的每 50 台设 1 个电压监测点。监测点应设在有代表性的低压配电网首末两端和部分重要用户附近
输电系统（发电厂和变电站母线）			并入 220kV 及以上电网的发电厂高压母线电压、220kV 及以上电压等级的母线电压，均设置为电网电压监测点

5. 电压偏差有哪些影响?

电压偏差不仅会影响电力系统的稳定性和经济性，还会对用户设备的性能和寿命造成严重影响，具体如表 5-6 所示。

表 5-6　　　　　　　　　　　电压偏差产生的影响

类型		现象
对电力系统的影响	降低系统稳定性	电压过低会导致输电线路的传输极限大幅降低，可能引发系统频率不稳定，甚至导致电压崩溃
	增加系统损耗	低电压运行会使线路和变压器的电流增加，导致有功损耗和电能损耗增大
	影响无功补偿效果	电压过低会减少补偿电容器组的无功输出，降低无功补偿效果
对用户设备的影响	电动机	电压过低时，电动机转矩显著下降，启动困难，长期运行可能导致绕组过热甚至烧毁；电压过高时，电动机的励磁电流和温升加快，绝缘老化加速，缩短使用寿命
	变压器和互感器	电压升高时，励磁电流增加，铁损和温升增大，绝缘老化加速
	照明设备	电压降低时，发光效率下降，亮度不足，影响照明效果；电压升高时，白炽灯寿命缩短，荧光灯可能无法正常点燃
	电子设备	电压偏差可能导致计算机系统工作紊乱、数据损坏，影响精密设备的正常运行
	家用电器	电压偏差会影响电器的使用寿命和运行效率，可能导致设备损坏
对电网经济运行的影响	降低设备效率	电压偏差会使电动机、变压器等设备的运行效率降低，增加能耗
	增加设备损耗	电压偏差会加速设备绝缘老化，缩短设备使用寿命，增加设备更换成本
	增加运行成本	可能导致电网损耗增加，降低电能利用效率，增加运行成本
	影响电网寿命	长期的电压偏差会加速电网设备老化，增加运维和更换成本

6. 什么是电压波动与闪变？

电压波动是指与冲击负荷相关联的一种动态电压质量问题，通常电压幅值变化远比电气设备的电压抗扰限值要低，但是，频繁发生的供电电压快速变动会造成灯光亮度闪烁不定，这种电光源的不稳定会严重刺激人的视感神经，并可能引起有害的生理反应。"闪变"术语来自电压波动对照明的视觉影响。从严格的技术角度讲，电压波动是一种电磁现象，而闪变是电压波动对某些用电负载造成的有害结果。但是，在标准中常把这两个术语结合在一起讨论。

《电能质量评估技术导则 电压波动和闪变》（DL/T 1724—2017）对电压波动和闪变进行了定义：

电压波动：电压方均根值（有效值）一系列的变动或连续的改变。

闪变：灯光照度不稳定造成的视感。

7. 电压波动与闪变形成的因素有哪些？

供电系统出现电压波动，一方面是由于各种类型的大功率波动性负荷投运引起的，如电弧炉、轧钢机、电焊机、轨道交通、电气化铁路以及短路试验负荷等；另一方面也会由于配电线路短时间承载过重，且馈电终端的电压调整能力弱等原因，难以保证电压的稳定，如系统发生故障、系统遭受雷击或系统设备自动投切时产生操作波的影响等。波动性负荷的用电特性分为周期性的和非周期性的，而周期性和近似周期性的功率波动负荷对电压的影响更为严重。另外，家用电器和小功率设备也会引起局部电压波动。

8. 电压波动与闪变可能带来哪些危害？

电压波动与闪变的危害主要有以下几个方面：一是引起车间、工作室和生活居室等场所的照明灯光闪烁，使人的视觉易于疲劳甚至难以忍受而产生烦躁情绪，从而降低了工作效率和生活质量；二是使得电视机画面亮度频繁变化以及垂直和水平幅度摇动；三是造成直接与交流电源相连的电动机的转速不稳定，时而加速时而制动，由此可能影响产品质量，严重时危及设备本身安全运行，如对于造纸业、丝织业和精加工机床制品等行业，如果在生产运行时产生电压波动甚至会使产品报废等；四是对电压波动较敏感的工艺过程或试验结果产生不良影响，如使光电比色仪工作不正常，使化验结果出错；五是导致电子仪器和设备、计算机系统、自动控制生产线以及办公自动化设备等工作不正常，或损坏；六是导致以电压相位角为控制指令的系统控制功能紊乱，致使电力电子换流器换相失败等。

另外，波动性负荷除了会产生以上危害外，由于自身的工作特点所决定，还会产生大量的谐波和由于其三相严重不平衡带来的负序分量，还会加重危及供电系统的安全稳定运行和用户设备的正常工作。

9. 什么是电压暂降与短时中断?

电压暂降与短时中断都与电压的突然变化有关，但其定义、影响、产生因素等又有区别，具体如表 5-7 所示。

表 5-7　　　　　　　　电压暂降与短时中断情况一览表

类别		电压暂降	短时中断
定义		电力系统中某点工频电压方均根值突然降低至额定电压的 10%~90%，并持续 10ms~1min	电力系统中某点工频电压方均根值突然降低至额定电压的 1% 以下，并持续 10ms~1min
区别	电压水平	电压暂降时，电压仍有一定值（10%~90% 额定电压）	电压几乎为零，电压为额定电压的 1% 以下
	影响范围	可能导致设备误动作或短暂停机	影响更为严重，可能导致设备完全停止工作
	发生频率	发生频率更高，占电能质量问题的大部分	相对较少
产生因素		电网故障：如短路故障、接地故障等；大容量负荷启动：如大型电机、电弧炉等设备的启动；雷击或开关操作：如线路开关的投切	严重的电网故障：如线路断开、保护装置动作；开关操作：如备用电源切换、线路检修等
影响		敏感设备：如计算机、自动化控制系统、变频器等，可能会误动作、重启或停机；电机类设备：可能会导致转速下降或停机；工业生产：可能导致生产线中断，造成经济损失	设备停机：可能导致设备完全停止工作；数据丢失：对计算机和存储设备可能造成数据丢失；生产中断：在工业生产中，可能导致生产线完全停机

《电能质量 电压暂升、电压暂降与短时中断》（GB/T 30137—2024）中对电压暂降与短时中断进行了定义：

电压暂降：电力系统中某点电压方均根值突然降低至 0.1p.u.～0.9p.u.，并在短暂持续 10ms～1min 后恢复正常的现象。

短时中断：电力系统中某点电压均方根值突然降低至 0.1p.u.以下，并在短暂持续 10ms～1min 后恢复正常的现象。

p.u.：是 per unit 的缩写，中文称为"标幺值"或"标么值"，是一种相对单位制。

10. 电压暂降与短时中断有哪些分类?

在电压暂降的分析中，通常将参考电压与残余电压的差值定义为电压暂降的深度，其中，参考电压通常指公称电压或滑动参考电压；残余电压指电压暂降或短时中断过程中记录的电压均根值的最小值。将暂降从发生到结束之间的时间定义为持续时间，将一定时间内发生电压暂降的次数定义为暂降频次。

由于不同的电压暂降与短时中断时间可以采取不同的分析手段和解决方案，《电压暂降与短时中断评价方法》（Q/GDW 1818—2013）给出了电压暂降和短时中断分类及特征参数，具体如表 5-8 所示。

表 5-8　　　　　　　　　电压暂降与短时中断分类及特征参数

类别		典型持续时间	典型电压幅值
即时	暂降	10ms～500ms	0.1～0.9p.u.
瞬时	中断	10ms～3s	<0.1p.u.
	暂降	500ms～3s	0.1～0.9p.u.
暂时	中断	3s～60s	<0.1p.u.
	暂降	3s～60s	0.1～0.9p.u.

11. 什么是三相不平衡?

理想的三相交流电力系统中，三相电压应幅值相等、频率相同，相位按 A、

B、C 三相顺序互差 120°。然而，由于存在种种不平衡因素，实际电力系统的不平衡是必然存在的。电力系统三相不平衡可以分为事故性不平衡和正常性不平衡两大类。事故性不平衡由系统中各种非对称性故障引起，例如单相接地短路、两相接地短路或两相相间短路等，事故不平衡一般需要保护装置切除故障元件，经故障处理后重新恢复系统正常运行。正常性不平衡则是系统三相元件或负荷不平衡所致，这里所说的不平衡是指电力系统正常运行时产生的不平衡。

《电能质量评估技术导则 三相电压不平衡》（DL/T 1375—2014）对三相电压不平衡的定义为：三相电压在幅值上不同或相位差不是 120°，或兼而有之。

12. 三相不平衡产生的原因有哪些?

三相不平衡产生的原因主要有负荷分配不均、系统故障或异常运行、非线性负载等因素，具体如表 5-9 所示。

表 5-9　　　　　　　　　　　三相不平衡产生的因素

类型		现象
负荷分配不均	单相负荷接入	在三相配电系统中，大量单相负荷（如居民照明、单相空调等）集中在某一相，导致该负荷过重，而其他两相负荷较轻
	三相负荷分配不合理	在配电变压器或配电线路中，三相负荷分配不均衡，例如某相接入过多的大功率设备，其他相负荷较轻
	动态负荷变化	用电负荷的动态变化，如工厂生产班次调整、季节性用电变化等，可能导致三相负荷在不同时间段出现不平衡
系统故障或异常运行	线路故障	输电线路或配电线路中某一相断线，但未接地，会导致三相电流或电压不对称
	接地故障	单相接地故障（包括金属性接地和非金属性接地）会引起三相电压不平衡
	设备故障	如变压器分接头调整不当、电压互感器熔丝熔断等，也会导致三相参数不对称

续表

类型		现象
非线性负载的影响	谐波电流	非线性负载（如整流器、变频器、计算机电源等）会产生大量谐波电流，尤其是三次谐波。这些谐波电流在中性线上叠加，可能导致三相电流不平衡
	不平衡的谐波电压	谐波电压的存在也会导致三相电压不平衡
线路和电源问题	线路阻抗不一致	输电线路的电阻、电感、电容等参数不相等，会导致三相电压或电流不平衡
	电源电压不平衡	三相电源电压本身存在偏差，也会引起三相电流不平衡

13. 三相不平衡可能产生哪些危害？

三相不平衡可能会对电力设备、电网运行、用户等带来严重的危害，具体如表 5-10 所示。

表 5-10　　　　　　　　三相不平衡可能产生的危害

类型		现象
对电力设备的影响	变压器过热	会导致变压器绕组电流分布不均，增加损耗和温升，降低变压器的使用寿命
	电动机效率降低	电动机在三相不平衡的电压下运行，会导致转速下降、效率降低、温升增加，甚至可能烧毁电动机
	设备寿命缩短	长期运行在不平衡电压下，设备的绝缘老化加速，容易引发故障
对电网运行的影响	增加线路损耗	会导致线路中的电流分布不均，增加线路损耗
	降低电网稳定性	可能导致电网电压波动，影响用户的正常用电
	中性点漂移	在中性点接地的系统中，三相不平衡可能导致中性点漂移，使部分用户电压过高或过低
对用户的影响	设备损坏	可能导致用户设备（如家用电器、工业设备等）损坏
	生产中断	在工业生产中，可能导致生产线停机，造成经济损失
	安全隐患	可能导致设备过热、绝缘损坏，增加火灾等安全隐患

14. 什么是频率偏差?

频率是交流电力系统运行特性评估中最重要的参数之一，即正弦量在单位时间内交变的次数。在稳态条件下各发电机同步运行，整个电力系统的频率可以视为相同，它是唯一一个全系统一致的运行参数。电力系统的标称频率为 50Hz 或 60Hz，中国大陆及欧洲地区采用 50Hz，北美及中国台湾地区多采用 60Hz，日本则有 50Hz 和 60Hz 两种。

电力系统的负荷是时刻变化的，任何一处负荷的变化，都会引起全系统功率的不平衡，导致频率的变化。电力系统运行时，要及时调节各发电机的功率，以保证频率的偏移在允许的范围内。

《电能质量 术语》（GB/T 32507—2024）对频率偏差的定义为：系统频率的实际值和标称值之差。

《电能质量 电力系统频率偏差》（GB/T 15945—2008）规定了频率偏差限值：

电力系统正常运行条件下频率偏差限值为±0.2Hz。当系统容量较小时，偏差限值可以放宽到±0.5Hz。

冲击负荷引起的系统频率变化为±0.2Hz，根据冲击负荷性质和大小以及系统的条件也可适当变动，但应保证近区电力网、发电机组和用户的安全、稳定运行及正常供电。

15. 频率偏差产生的因素有哪些?

频率直接与系统发电功率和消耗功率的平衡相关，在电力系统稳定运行条件下，有功功率不平衡是产生频率偏差的根本原因。只有系统负荷总功率（包括电能传输环节的总损耗）与系统电源的总供给相平衡时，才能维持所有发电机组转速的恒定。但是，电力系统中的负荷以及发电机组的出力随时都在发生变化。产生频率偏差的主要因素如表 5-11 所示。

表 5-11   频率偏差产生的因素

类型		现象
有功功率 不平衡	负荷变化	当系统负荷突然增加（如大容量设备启动）或减少（如设备停机）时，发电功率与负荷需求之间的平衡被打破，导致频率波动
	发电出力变化	发电机组的出力不稳定（如水轮机水头变化、汽轮机蒸汽压力波动）或发电机故障，也会导致系统频率变化
	冲击负荷	如电弧炉、轧钢机、电气化线路等设备的运行，会导致短时间内功率的剧烈变化，进而引起频率波动
系统故障	短路故障	如三相短路或单相接地故障，会导致系统损耗增加，频率下降
	输电线路故障	线路故障导致部分线路切除，改变系统拓扑结构，进而影响频率
发电机调频 能力不足	调频设备故障	发电机的调频系统（如调速器、励磁系统等）故障或老化，无法及时响应负荷变化，导致频率偏差
	调频能力有限	系统中调频机组的容量不足，无法满足负荷变化的需求
外部因素	环境条件	温度、湿度等环境条件会影响发电机和调频设备的性能，进而影响频率稳定性
	新能源接入	风能、太阳能等新能源发电的间歇性和波动性，增加了系统频率控制的难度

16. 频率偏差可能产生哪些危害？

频率偏差可能会对电力系统、设备和用户带来严重的危害，如系统稳定性下降、设备寿命缩短、电能质量恶化、用户生产中断等，具体如表 5-12 所示。

表 5-12   频率偏差可能带来的危害

类型		现象
对电力系统 的影响	系统稳定性下降	频率偏差过大可能导致系统失稳，甚至引发频率崩溃或电压崩溃，造成大面积停电
对电力设备 的影响	设备寿命缩短	发电机、变压器等设备在频率偏差下运行，会导致损耗增加，温升升高，缩短设备寿命

类型		现象
对电力设备的影响	无功补偿设备性能下降	频率偏差会影响无功补偿设备（如电容器等）的性能，削弱其对电压的支持作用
	电动机性能下降	电动机的转速与频率直接相关，频率偏差会导致电动机转速变化，影响其出力和效率，甚至可能烧毁电动机
	计量设备误差增大	感应式电能表的计量误差会因频率偏差而增大
对用户的影响	工业生产中断	纺织、造纸等行业对频率稳定性要求较高，频率偏差可能导致产品质量下降或生产设备停机
	电子设备性能下降	测量、控制和计时等电子设备对频率稳定性要求严格，频率偏差可能导致其工作精度下降
	照明设备闪烁	可能导致照明设备闪烁，影响视觉舒适性

17. 什么是波形畸变?

波形畸变是指电压或电流的实际波形偏离理想正弦波形的现象，一般由电力系统中非线性设备引起的（非线性设备的电流和电压不成正比）。在电力系统中，发电厂出线端电压一般具有很好的正弦波特性，但在靠近负荷端，由于负荷的非线性，电压可能出现一定程度的畸变。

《电能质量现象分类》（NB/T 41004—2014）中对波形畸变进行了定义：波形偏离理想工频正弦波形，其特征采用频谱分布来表示。主要有直流偏置、谐波、间谐波、陷波和噪声五种基本形式。

18. 波形畸变有哪些分类?

波形畸变根据其特征和产生的原因，主要分为直流偏置、谐波、间谐波、陷波和噪声五种基本形式，具体如表 5-13 所示。

表 5-13　　　　　　　　　　　　　　五种波形畸变的特征及产生原因

类型	定义	产生原因	特点	危害
直流偏置	波形中存在直流分量，导致电压或电流的平均值不为零	可能由于单相接地故障、非线性设备的不对称运行或直流电源的干扰引起	波形整体向上或向下偏移	影响变压器和电抗器的磁饱和特性，导致过热或设备损坏
谐波	谐波是最常见的波形畸变类型，指电压或电流波形中出现基波频率的整数倍频率成分。如，基波频率为50Hz，其谐波可能包括100Hz（二次谐波）、150Hz（三次谐波）等	主要是非线性设备（如整流器、变频器、开关电源、电弧炉等）引起	波形中出现明显锯齿波、尖峰或波谷	增加设备损耗、降低设备效率、干扰通信系统
间谐波	频率介于基波和谐波之间的非整数倍频率成分。如，频率为 50Hz 的基波，其间谐波可能为60Hz和70Hz等	间谐波通常由快速变化的负荷（如变频调速设备、大型电机的启动和停止等）引起	波形中出现不规则的波动或振荡	可能导致电压波动、闪变、设备过热、保护装置误动作等
陷波	波形中出现周期性或非周期性的缺口，通常表现为电压或电流波形的局部缺失	常见于开关设备的快速通断过程中，导致电压或电流波形出现缺口	波形中出现明显的缺口或凹陷	可能导致设备过热、绝缘损坏、保护装置误动作等
噪声	波形中叠加的随机的高频信号，通常表现为波形的抖动或毛刺	可能由电磁干扰、雷击、开关操作、无线电频率干扰等引起	波形中出现高频毛刺或抖动	影响电子设备的正常运行，导致信号传输误差

《电能质量 术语》（GB/T 32507—2024）对直流偏置、谐波分量、间谐波分量、陷波（缺口）、噪声等均进行了定义：

直流偏置：交流电力系统中存在直流电流或者直流电压的现象。

谐波分量：对非正弦周期量进行傅里叶分解，得到频率为基波频率整数倍正弦分量的方均根值。

间谐波分量：周期信号中具有间谐波频率的正弦分量。

陷波（缺口）：电力电子装置在进行正常电流换相时导致的周期性电压波形局部凹陷状槽口。

噪声：特定环境下，产生相对无用的，甚至是有害影响的存在于电路中的电信号。

19. 产生电能质量的现象及原因有哪些?

《电能质量现象分类》（NB/T 41004—2014）对产生电能质量扰动的基本电力/电气设备及其产生原因进行了汇总分析，具体如表 5-14 所示，这里指正常的电力/电气设备运行，故不包括设备故障引起的电压暂降。

表 5-14　　　　　基于电力/电气设备及其产生原因分析

序号	设备名称	主要电能质量问题	原因解释
1	整流设备与高压直流输电换流站	谐波	整流装置是将交流电转换为直流电的装置，逆变是整流的逆过程，高压直流输电大量采用晶闸管，根据换流理论，在换流的过程中，6 脉冲整流产生（6k±1）（k 为正整数）次特征谐波，即 5、7、11、13 等次谐波。12 脉冲整流产生（12k±1）（k 为正整数）次特征谐波，即 11、13、23、25 等次谐波。以此类推
2	变频调速装置	谐波、间谐波	变频器是利用电力电子器件的通断作用将工频电源变换为另一频率的电能控制装置。交交变频与交直交变频集成了高压大功率晶体管技术和电力控制技术，它通过对供电频率的转换来实现电动机转速的自动调节，变频过程使电流波形发生畸变，引起谐波、间谐波污染
		电压波动与闪变	变频过程不同频率之间的调制过程可能产生电压波动与闪变
3	轧机	谐波	轧机采用晶闸管整流装置与使用直流电机调速，产生谐波，污染电网
		电压波动与闪变	轧机是大功率的波动负荷，电机的频繁启动与制动具有冲击性负荷的非线性特性，引起电压波动
4	电力机车	谐波	交直传动电力机车把交流电整流成直流电，改变电动机的端电压实现对机车的调速，但是这种机车由于一般采用晶闸管相控整流电路，会带来大量（2k±1）次特征（k 为正整数）；交直交传动电力机车从接触网上引入的仍然是单相交流电，但其整流环节一般采用 4 象限 PWM 整流器，也会产生少量谐波，主要是 20 次以上的高次谐波

续表

序号	设备名称	主要电能质量问题	原因解释
4	电力机车	三相电压不平衡	电力机车作为不对称负载，对电网三相电压产生影响
		电压波动	普通铁路上的机车负荷属于波动性负荷
5	城市轨道交通	谐波	城市轨道交通普遍是直流供电，为轨道交通提供直流电的电源是采用大功率晶闸管的换流站，换流装置产生谐波
		电压波动与闪变	轨道交通启动与制动频率比较大，它具有冲击负荷或波动负荷的特性，引起电压波动与闪变
6	起重机	谐波	起重机负荷变化大、速度变化快、短时重负载，属于冲击性负载，且普遍应用晶闸管的交、直流驱动等装置，这些因素是产生大量谐波的根源
		电压暂降与短时中断	在小型电网中，重型起重机的启动会带来电网负荷突然出现大的变化，易引起电压暂降与短时中断
7	矿井提升机	谐波	矿井提升机主要由电动机、减速器、卷筒（或摩擦轮）、制动系统、深度指示系统、测速限速系统和操纵系统等组成，采用交流或直流电机驱动，因为采用直流电机调速或变频调速装置，含有换流与变频元件，是谐波的主要来源
		间谐波	当采用变频调速装置时，会产生间谐波
		电压波动与闪变	重复启动、变速易产生电压波动与闪变
8	自动化生产线	谐波	自动化生产线采用大量电机与电力电子设备，电机的调速依靠直流调速或变频调速来完成，整流装置与变频设备带来大量的谐波
9	电弧炉	谐波、间谐波	在熔化初期以及熔化的不稳定阶段，弧长强烈变化，电流波形无规律，会造成电压极不规则地波动，产生高次谐波电流，谐波含量大
		三相电压不平衡	电炉工作过程各相间的电弧长度是单独变化的，引起三相电压不平衡

序号	设备名称	主要电能质量问题	原因解释
9	电弧炉	电压波动与闪变	电弧炉最重要的影响除了低次谐波外，还有电压波动和闪变。大型电弧炉会引起对电网的剧烈扰动，有的大型炉的有功负荷波动，能够激起邻近的大型汽轮发电机的扭矩振荡和电力系统间联络线上的低频振荡，此类冲击性负荷会引起电网电压波动。频率在6～12Hz范围内的电压波动，即使只有1%，其引起的白炽灯照明的闪烁，已足以使部分人群感到不舒服，难以忍受
10	中频炉	谐波	中频炉是一种将工频50Hz交流电转变为中频（300Hz以上至1000Hz）的电源装置，把三相工频交流电整流后变成直流电，再把直流电变为可调节的中频电流，供给由电容和感应线圈里通过的中频交变电流，在感应圈中产生高密度的磁力线，并切割感应圈里盛放的金属材料，在金属材料中产生很大的涡流。由以上可以看出，中频炉是非线性负载，谐波问题很严重
11	电焊机	谐波、间谐波	电弧加热设备只有在电极间的电压在70V以上才会起弧产生弧光电流，并且灭弧电压略低于起弧电压，造成电弧电流与电弧电压的非线性而引起谐波
		电压波动与闪变	电焊机的工作特性是冲击性质的，会使电压快速波动。这种冲击性负荷是主要的电压波动与闪变源
		三相电压不平衡	电焊机负荷过于集中接入单相或两相交流电源引起
12	家用电器	谐波	家用电器现在大多采用开关电源。开关电源的频率比较高，一般在40kHz左右，不仅在整流时产生谐波，而且在开关开闭时，发射40kHz左右的谐波至电源
13	变压器	谐波	变压器铁芯的磁化饱和特性会产生谐波，变压器产生的谐波次数还受其一、二次侧接线方式（Δ或Y）的影响，大小则与磁路的结构形式、运行电压（铁芯的饱和程度）有关。变压器在正常运行电压时，产生的谐波水平不高。变压器铁芯的额定电压的设计值对变压器产生的谐波电流影响较大。一般而言，变压器铁芯的额定值应该按照系统允许的最高电压确定

续表

序号	设备名称	主要电能质量问题	原因解释
13	变压器	电压暂降	变压器投切时，由于铁芯的饱和特性，会产生数倍于额定电流的激磁电流，涌流的大小与电压初相角铁芯的饱和程度有关。变压器容量大小对恢复时间有较大影响
14	大型感应电动机	电压暂降	大型感应电动机直接启动时，启动电流很大，易产生电压暂降
15	电动汽车充电站	谐波	电动汽车电池充电一般采用两种基本方法：接触式充电和感应耦合式充电，设备中采用整流等电力电子装置，晶闸管等整流设备产生谐波

20. 常见电能质量控制措施有哪些?

对于电能质量指标不符合国标要求的负荷或系统必须采取相应控制措施，以改善电能质量水平。一方面需要加强生产管理，调整负荷或分系统的运行方式，降低电能质量污染；另一方面，必须采取切实可行的治理或改善措施。《电力系统电能质量技术管理规定》（DL/T 1198—2013）给出了常用电能质量控制措施，具体如表 5-15 所示。

表 5-15　　　　　　　　常用电能质量控制措施

序号	名称	技术措施	控制效果
1	电力系统频率、电压控制和调整	维持有功功率的平衡以保证频率稳定；维持系统无功功率分区、分层平衡，采用励磁调节、电容器电抗器投切、有载调压变压器调节及其他补偿调节技术，保证电压水平	保证电网频率和供电电压相对稳定，是维持电力系统正常运行、保证电能质量的基础，贯穿电网建设、运行和管理全过程
2	增加换流装置相数或脉动数	改造换流装置或利用相互间有一定移相角的换流变压器	减小注入电网的谐波电流
3	加装无源交流滤波装置（FC）、有源滤波器（APF）	在谐波源附近装设单调谐、C型、双调谐及高通滤波器等无源滤波器支路或有源滤波器	减小注入电网的谐波电流；FC可同时兼顾功率因数补偿和电压调整

续表

序号	名称	技术措施	控制效果
4	加装静止无功补偿装置（SVC）、静止同步补偿器（STATCOM）	装设 TCR、MCR、TSC（或 TSF）型 SVC，或 STATCOM 进行电能质量综合治理	抑制谐波、三相不平衡、电压波动和闪变，补充功率因数
5	改变干扰源的配置或工作方式	将具有干扰互补性的装置集中供电，或适当分散、交替使用，适当限值干扰量大的工作方式	降低干扰源对电网的影响（对装置的配置和工作方式有一定要求）
6	改变电网接入点	干扰源由较大短路容量的供电点或由更高电压等级电网供电	改善干扰源对接入点的电能质量影响
7	避免并联电容器产生谐波放大	合理配置并联电容器组电抗率，或将某些电容器支路改为滤波器，或限定电容器组的投入容量（组数）	降低电网谐波电压，保证电容器安全运行
8	提高设备抗干扰能力，改善保护性能	改进设备性能，提高设计裕度，提高敏感性负荷设备的容忍度，适当提高保护定值	提高设备的电能质量抗干扰能力，保障安全运行，提高生产效率
9	安装定制电力设备、增配备用电源等	装设快速切换开关、动态电压恢复器、有源滤波器、电能质量复合控制器、静止无功补偿装置、静止同步补偿装置等定制电力设备，在双电源供电的基础上配置发电和储能装置等	改善供电中断、短时中断、电压暂降或暂升，满足用户特定电能质量需求

21. 电能质量治理设备有哪些?

《电能质量治理技术导则》（Q/GDW 12314—2023）给出了电能质量典型干扰源、敏感设备及其电能质量治理设备，具体如表 5-16 所示。

表 5-16　　　　　典型干扰源、敏感设备及其电能质量治理设备

所属行业	设备名称	主要影响的电能质量指标	典型治理设备
新能源发电	风力发电机组	闪变、谐波（间谐波）、电压偏差	静止无功补偿器、静止同步补偿器、静止无功发生器、有源电力滤波器、无源滤波器、感应滤波变压器成套设备

所属行业	设备名称	主要影响的电能质量指标	典型治理设备
新能源发电	光伏发电系统	谐波、闪变	静止同步补偿器、静止无功发生器、有源电力滤波器、无源滤波器
电气化铁路及轨道交通	电气化铁路牵引机车	谐波、电压波动和闪变、三相电压不平衡、电压偏差	静止无功补偿器、静止同步补偿器、静止无功发生器、有源电力滤波器、无源滤波器、平衡牵引变压器
	有轨及无轨电车、地铁、轻轨	谐波、电压波动和闪变	静止同步补偿器、静止无功发生器
冶金、化工	交流电弧炉	谐波（间谐波）、电压波动和闪变、三相电压不平衡	静止同步补偿器、静止无功发生器、有源电力滤波器
	直流电弧炉、精炼炉	谐波（间谐波）、电压波动和闪变	静止同步补偿器、静止无功发生器、有源电力滤波器
	电热炉	谐波、电压波动和闪变、三相电压不平衡	静止同步补偿器、静止无功发生器、有源电力滤波器
	中频炉	谐波、电压波动和闪变	静止同步补偿器、静止无功发生器、有源电力滤波器
	交、直流轧机	谐波（间谐波）、电压波动和闪变	静止同步补偿器、静止无功发生器、有源电力滤波器、无源滤波器
	电解设备	谐波、电压波动和闪变	静止同步补偿器、静止无功发生器、有源电力滤波器、无源滤波器、感应滤波变压器成套设备
	电焊机	谐波、电压波动和闪变	静止无功补偿器、静止同步补偿器、静止无功发生器、有源电力滤波器、无源滤波器
其他（火电厂、机械、公用事业）	电铲、升降机、门吊等	谐波、电压波动和闪变	静止无功补偿器、静止同步补偿器、静止无功发生器、有源电力滤波器、无源滤波器
电网	换流站	谐波、电压波动和闪变	静止同步补偿器、静止无功发生器、无源滤波器
	变电站	谐波、电压波动和闪变	静止同步补偿器、静止无功发生器、无源滤波器
半导体制造、芯片制造、精密制造、汽车零件制造等	变频器、接触器、PLC 控制器、可调速驱动装置等	电压暂降、电压短时中断	不间断电源、静止转换开关、固态转换开关、动态电压恢复器、交流输入电压暂降与短时中断的低压直流型补偿装置

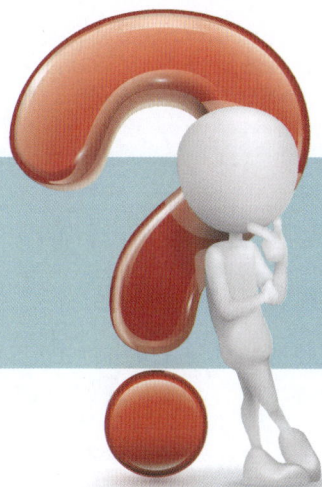

第六章　数字化

1. 什么是云?

云是网络、互联网的一种比喻说法，是指用户作为接受服务的对象，是云端，不管在何时何地，都能享受云提供的服务。

云是基于互联网的、可扩展且经常是虚拟化的资源和服务，它允许用户按需获取计算能力、存储空间、数据库、应用程序等，而无需拥有和维护物理硬件设备。

很多地方把云计算等同于云，但云计算应该是云的一种模式。

2. 什么是云计算?

云计算是一种通过互联网提供计算资源和服务的模式，它允许用户和企业在不需要自己购买和维护物理硬件的情况下，按需访问和使用计算资源。

《信息技术 云计算 概览与词汇》（GB/T 32400—2015）对云计算进行了定义：一种通过网络将可伸缩、弹性的共享物理和虚拟资源池以按需自服务的方式供应和管理的模式（资源包括服务器、操作系统、网络、软件、应用和存储设备等）。

3. 云计算的关键特征有哪些?

《信息技术 云计算 概览与词汇》（GB/T 32400—2015）给出了云计算的关键特征：

一是广泛的网络接入。可通过网络，采用标准机制访问物理和虚拟资源的特性。这里的标准机制有助于通过异构用户平台使用资源。这个关键特性强调云计算使用用户更方便地访问物理和虚拟资源：用户可以从任何网络覆盖的地方，使用各种客户端设备，包括移动电话、平板、笔记本和工作站访问资源。

二是可度量的服务。通过对云服务的可计量的交付实现对使用量的监控、控制、汇报和计费的特性。通过该特性，可优化并验证已交付的云服务。这个关键特性强调客户只需对使用的资源付费。从客户的角度看，云计算为用户带来了价值，将用户从低效率和低资产利用率的业务模式转变到高效率模式。

三是多租户。通过对物理或虚拟资源的分配实现多个租户以及他们的计算和数据彼此隔离和不可访问特性。在典型的多租户环境下，组成租户的一组云服务用户同时也属于一个云服务的客户组织。在某些情况下，尤其在公有云和社区云部署模型下，一组云服务用户由来自不同客户的用户组成。一个云服务客户组织和一个云服务提供者之间也可能存在多个不同的租赁关系。这些不同的租赁关系代表云服务客户组织内的不同小组。

四是按需自服务。云服务客户能够按需自动地或通过与云服务提供者的最少交互，配置计算能力的特性。这个关键特性强调云计算为用户降低了时间成本和操作成本，因为该特性赋予了用户无需额外的人工交互，就能够在需要的时候做需要做的事情的能力。

五是快速的弹性和可扩展性。物理或虚拟资源能够快速、弹性，有时是自动化地供应，以达到快速增减资源目的的特性。对云服务客户来说，可供应的物理或虚拟资源无限多，可在任何时间购买任何数量的资源，购买量仅仅受服务协议的限制。这个关键特性强调云计算意味着用户无需再为资源量和容量规划担心。对客户来说，如果需要新资源，新资源就能立刻自动地获得，资源本身是无限的，资源的供应只受服务协议的限制。

六是资源池化。将云服务提供者的物理或虚拟资源集成起来服务于一个或多个云服务客户的特性。这个关键特性强调云服务提供者既能支持多租户，又通过抽象对客户屏蔽了处理复杂性。对客户来说，他们仅知道服务在正常工作，但是他们通常并不知道资源是如何提供或分布的。资源池化将原本属于客户的部分的工作，例如维护工作，移交给了提供者。需要指出的是，即使存在一定的抽象级别，用户仍然能够在某个更高的抽象级别制定资源位置（例如国家、省或数据中心）。

4. 云能力类型有哪些?

云能力类型主要指的是云计算服务的不同层次和模式，可以概括为以下几种：

一是服务设施即服务。这是云计算服务模式中最基础的一层，提供了计算、存储和网络等基础设施资源的虚拟化服务。用户可以按需使用这些资源，而无需购买、维护和更新物理设备。服务提供商通常会提供在其数据中心中运行的虚拟服务器、存储和网络资源，同时还提供管理这些资源的工具和接口。

二是平台即服务。这种服务模式提供应用程序开发和部署的平台。用户可以在这个平台上开发、测试、部署和管理应用程序，而无需关注底层的基础设施。其通常包括应用程序开发工具、应用程序运行环境、数据库、消息队列、缓存等服务，为开发者提供了更大的灵活性，并降低了总体成本。

三是软件即服务。这是最高层的云服务，直接为用户提供应用软件。用户只需通过互联网访问这些应用，无需进行任何本地安装或配置。服务商负责软件的维护、更新和安全保障，使用户能够随时随地通过网络访问最新版本的软件。

以上这三种服务模式涵盖了从基础设施到应用软件的广泛应用，满足不同用户的需求。随着云计算技术的不断进步，未来的云服务将会更加智能、高效和安全。

《信息技术 云计算 概览与词汇》（GB/T 32400—2015）中对云能力类型的说明为：云能力类型是根据资源使用情况对提供给云服务客户的云服务功能进行的分类：基础设施能力类型、平台能力类型和应用能力类型。

基础设施能力类型。云服务客户能配置和使用计算、存储或网络资源的一类云能力类型。

平台能力类型。云服务客户能使用云服务提供者支持的编程语言和执行环境来部署、管理和运行客户创建或客户获取的应用的一类云能力类型。

应用能力类型。云服务客户能使用云服务提供者应用的一种云能力类型。

5. 云部署类型有哪些?

云部署类型主要有公有云、私有云、社区云、混合云等。

公有云：公有云是由第三方云服务提供商提供的云基础设施和服务，这些服务对公众开放并以按需付费的方式提供。公有云是多租户的，多个用户共享云服务提供商的硬件、网络和存储资源。用户无需拥有或维护这些基础设施，只需根据实际使用付费。

私有云：私有云是在组织内部搭建和管理的云基础设施，提供云计算服务，但这些服务仅供该组织内部使用。私有云通常用于满足特定组织对安全性、合规性和定制化的需求。资源不与其他组织共享，可以在内部数据中心或托管数据中心中实现。

社区云：社区云是为特定社区或行业所构建的共享基础设施的云，云端资源专门给固定的几个单位内的用户使用,而这些单位对云端具有相同的诉求（如安全要求、规章制度、合规性要求等）。云端的所有权、日常管理的操作的主体可能是本社区的一个或多个单位，也可能是社区外的第三方机构，还可能是二者的联合。

混合云：混合云是将公有云和私有云结合起来的一种部署模式。组织可以在私有云和公有云之间动态移动数据和工作负载。混合云允许组织在私有云中处理敏感数据和应用,同时利用公有云的弹性和可扩展性，提供更大的灵活性，使组织能够根据需要调整其云战略。

《信息技术　云计算　概览与词汇》（GB/T 32400—2015）对云部署模型进行了说明：

云部署模型指的是根据对物理或虚拟资源的控制和共享方式组织云计算的方式，主要包括公有云、私有云、社区云和混合云。

公有云。云服务可被任意云服务客户使用，且资源被云服务提供者控制的一种云部署模式。公有云可由企业、研究机构、政府组织，或几者联合拥有、管理和运营。公有云在云服务提供者的场内。对特定的云服务客户来说，公有云是否可用还需考虑管辖区的法规。如果参与公有云有限制的话，也是非常少的，因此公有云的边界很宽。

私有云。云服务仅被一个云服务客户使用，且资源被该云服务客户控制的一类云部署模型。私有云可由云服务客户自身或第三方拥有、管理和运营。私有云可在云服务客户的场内或场外。云服务客户出于自身利益考虑，还可以为其他参与方授权访问。私有云的客户只局限于某个组织，所以私有云的边界很窄。

社区云。云服务仅由一组特定的云服务客户使用和共享的一种云部署模型。这组云服务客户的需求共享，彼此相关，且资源至少由一名组织内云服务客户控制。社区云可由社区里的一个或多个组织、第三方、或两者联合拥有、管理和运营。社区云可在云服务客户的场内或场外。社区云局限于有共同关注点的社区内客户，所以社区云的边界相对较宽。这些共同关注点包括但不限于：使命、信息安全需求，政策、符合性考虑。

混合云。至少包含两种不同的云部署模型。组成混合云的部署模式仍然是独立的实体，但是这些独立的实体通过一定技术绑定起来。这些技术能实现互操作性、数据可移植性和应用可移植性。混合云可由组织自身或第三方拥有、管理和运营。混合云可在云服务客户的场内或场外。混合云代表了以下场景：需要两种不同部署模式之间进行交互，且需要通过适当的技术联系起来。

6. 什么是一体化"国网云"？

一体化"国网云"是国家电网有限公司为适应"互联网+"行动计划、云计算和大数据战略深入推进而构建的核心信息化平台。它包括企业管理云、公共服务云和生产控制云（调控云）三部分，简称"三朵云"，由一体化"国网云"平台及其支撑的各类业务应用组成。

《一体化"国网云" 第1部分：术语》（Q/GDW 11822.1—2018）对其进行了定义：

一体化"国网云"：国家电网有限公司企业级私有云，包括企业管理云、公共服务云和生产控制云三部分，由一体化"国网云"平台及其支撑的各类业务应用组成。

企业管理云：一体化"国网云"中用于支撑企业经营管理的私有云部分。覆盖管理大区内网的资源及服务，由一体化"国网云"平台及其所承载的企业管理、分析决策、综合管理类业务应用组成。

公共服务云：一体化"国网云"中用于支撑公共服务的私有云部分。覆盖管理大区外网的资源及服务，由一体化"国网云"平台及其所承载的电力营销、客户服务、电子商务及直属单位等业务应用组成。

生产控制云（调控云）：一体化"国网云"中用于支撑生产控制的私有云部分。由"调控云"平台及其所承载的电网业务应用组成。

7. 一体化"国网云"平台包括什么？

一体化"国网云"平台由基础设施、云平台组件、云服务中心和云安全套件组成，能够提升信息存储、传输、集成、共享等服务水平，促进业务集成融合，缩短应用上线周期，快速响应业务变化，提升用户体验，并增强系统运行的可靠性。"国网云"平台是国家电网有限公司电网数字化基础平台底座，提供统一数据存储、计算、网络服务，全面支撑电网管理、企业经营、客户服务业务全面云化，驱动公司数字化转型。

《一体化"国网云" 第1部分：术语》（Q/GDW 11822.1—2018）对一体化

"国网云"平台进行了定义：支撑一体化"国网云"的云计算平台，由云基础设施、云平台组件、云服务中心和云安全套件四部分组成。

8. 什么是企业中台？

企业中台是近年来在企业架构中出现的一个概念，它指的是为企业前端业务提供共享服务的平台，这个平台能够快速响应企业业务需求，支撑企业业务的运营和创利。企业中台的核心价值在于：

避免烟囱式系统建设。企业中台可以降低 IT 系统建设以及系统间交互成本，快速响应前端业务需求，实现业务沉淀，形成企业的核心资产，推动业务创新。

业务快速响应。在业务种类多、个性化需求增多、时效性要求高的情况下，企业中台能有效快速地满足客户的个性化需求。

共享服务中心。为前端应用提供服务，具备快速响应前端应用需求的能力，不仅能满足当前业务应用的需求，还具备伴随业务发展持续提供服务的能力。

服务化基础设施。建立服务的开发、维护、治理、运营环境、工具等，让中台的服务中心能快速响应前端业务需求，提供稳定高效的服务。

数据的整合与共享。中台通过整合来自不同数据源的数据，实现数据的统一管理和共享，提高了数据的准确性和一致性，为企业的数据分析和决策提供了坚实的基础。

业务逻辑处理。中台通过集中管理和处理复杂的业务逻辑，减轻了前台和后台的负担，提升了企业的运营效率和决策能力。

灵活的服务调用。中台通过微服务架构，实现了各个业务模块的解耦和独立部署，使得企业能够快速响应市场变化，灵活调整业务流程。

支持业务创新。中台提供了比前台（面向客户的业务操作层）更强的稳定性和比后台（支撑运营的基础设施层）更高的灵活性，成为前台与后台的桥梁和润滑剂，通过将稳定通用的业务能力"沉降"到中台层，为前台减负，恢复前台的响应力。

企业中台包含业务中台、数据中台和技术中台。业务中台提供可复用的业务服务，数据中台提供可复用的数据服务，技术中台提供统一的技术服务。

《电力物联网术语》（Q/GDW 12098—2021）中对企业中台进行了定义：将企业共性的业务和数据进行通用化、平台化、组件化处理，支持灵活、强大的共享服务，供前后端业务应用构建或数据分析直接调用的企业信息系统平台化组件。

9. 什么是业务中台？

业务中台是企业架构中的一个重要概念，是企业级业务能力共享平台。它指的是企业内部的一个平台层，位于前台和后台之间，是将企业的核心业务能力、数据和服务进行集中化管理和服务化封装，这些能力包括但不限于业务流程设计、数据分析、智能决策、用户画像、内容管理、安全合规等，以便能够被不同的业务线或业务单元共享和复用。

业务中台从管理上破除了系统建设的"部门级"壁垒，形成灵活、轻量、便捷的共享能力中心，每个中心下建设多个微服务，通过支撑前端微应用的快速构建和稳健运行实现业务应用和价值创造。通过业务中台的建设，企业能够实现业务能力的标准化、模块化和可复用，从而提高企业运营效率，降低成本，增强企业竞争力。

《电力物联网术语》（Q/GDW 12098—2021）中对业务中台进行了定义：沉淀业务共性特征，通过涵盖基础业务能力、组合业务能力的基于领域模型分解的业务能力池，提供共性服务能力组件化服务的信息系统。

《电力物联网业务中台技术要求和服务规范》（Q/GDW 12103—2021）给出了业务中台的总体架构，具体如图 6-1 所示。

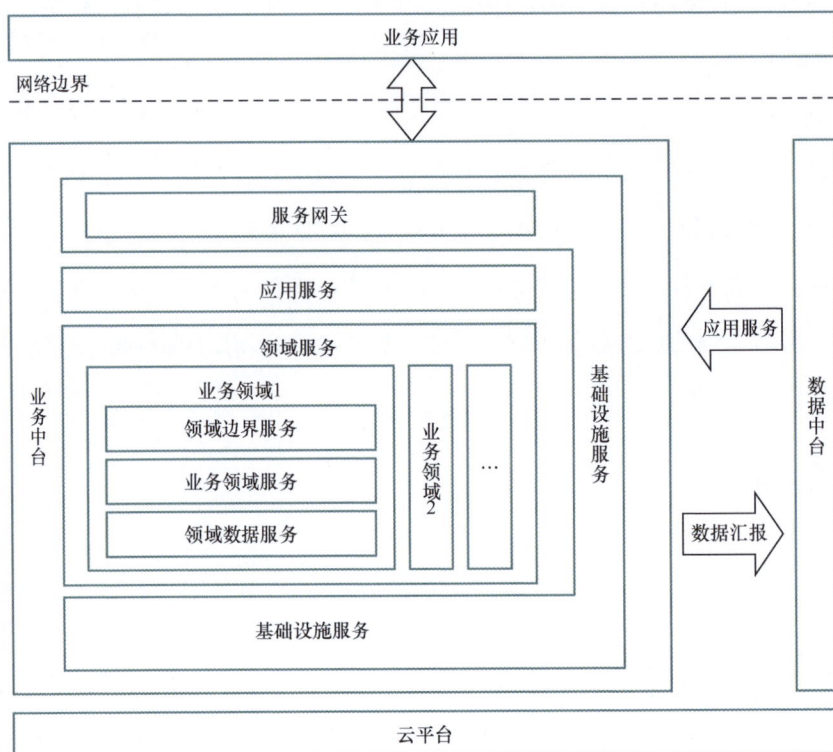

图 6-1　业务中台总体架构

10. 什么是数据中台?

数据中台是企业级数据能力共享平台。数据通过分层与水平分解，经过汇聚、存储、整合、分析、加工，沉淀公共的数据能力，根据业务场景进行服务封装，形成企业级数据服务，支撑前端应用敏捷迭代和快速构建，实现数据价值共享。

《数据中台数据安全指南》(Q/GDW 12408—2024)中对数据中台进行了定义：服务数据赋能新业务、新应用的中间、支撑性平台，通过企业内外部多源异构的数据采集、治理、建模、分析、应用，使数据对内优化管理提高业务，对外可以数据合作价值释放。

《电力物联网数据中台技术和功能规范》（Q/GDW12104—2021）中给出了数据中台的总体架构，具体如图6-2所示。

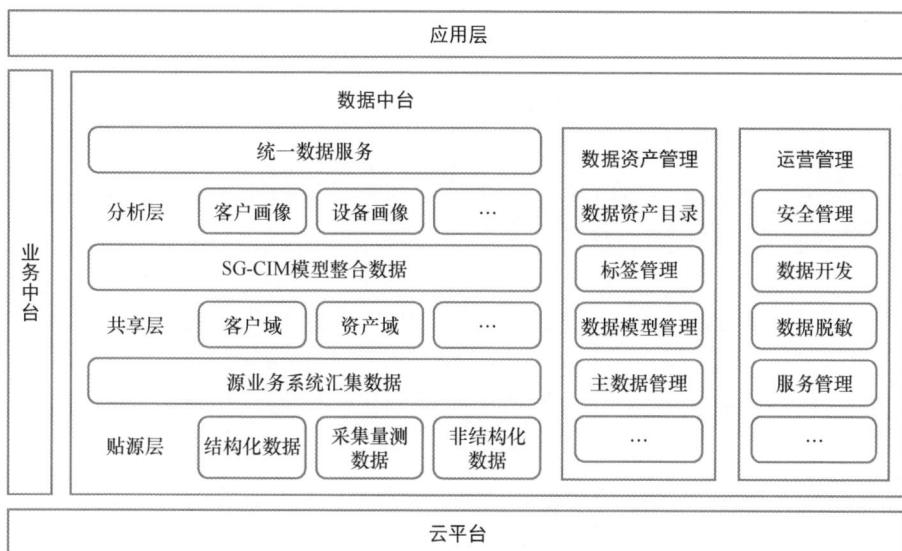

图 6-2　数据中台总体架构

？ 11. 什么是技术中台?

技术中台是企业数字化转型中的关键组成部分，它主要将企业各种技术资源整合、抽象，形成一套可重复使用的技术组件库，为业务端提供统一的技术支持。技术中台是企业技术架构中的重要环节，它通过提供可复用的技术组件和服务，支持企业业务的快速创新和迭代，为企业提供可持续发展的动力。

技术中台是企业级技术能力共享平台。通过技术能力持续的平台化沉淀，为业务中台、数据中台及前台提供"统一、易用、强健"的技术创新共享服务，助力企业数字化应用快速建设。

12. 业务中台、数据中台、技术中台的区别有哪些?

业务中台、数据中台和技术中台是企业数字化转型中的关键概念,它们各自承担不同的角色,但又相互联系和依赖。分别从核心、功能和关注点三个方面进行对比,具体如表 6-1 所示。

表 6-1 业务中台、数据中台和技术中台的区别

类型	核心	功能	关注点
业务中台	业务流程和逻辑的集成与服务化	提供业务流程、服务和数据的集成,实现业务能力的共享和复用,提高业务敏捷性和响应速度	业务效率、业务创新和客户体验
数据中台	数据的整合、管理和服务	负责数据的采集、清洗、整合、存储和分析,提供数据服务,支持数据驱动的决策和业务创新	数据治理、数据安全和数据价值的挖掘
技术中台	技术资源的整合和服务化	提供技术基础设施、开发框架、中间件服务等,支持业务中台和数据中台的运行,降低技术复杂性,提高开发效率	技术架构、性能优化和技术创新

业务中台、数据中台和技术中台虽然各自侧重点不同,但它们之间又存在着紧密的联系,共同构成了企业数字化转型的基础设施。

13. 什么是集中式存储?

集中式存储是指将数据存储在单一的物理位置或系统中的存储方式。这种存储方式通常由一个中心服务器或存储设备来管理所有的数据访问和存储任务。

《一体化"国网云"第 1 部分:术语》(Q/GDW 11822.1—2018)对集中式存储进行了定义:一种采用纵向扩展模式的存储设备。单台存储一般包括冗余存储控制器、统一全局内存、前端端口、后端端口、后端磁盘组,通过集中的存储管理系统,对外提供块存储、文件存储服务,实现数据的集中存储与管理,满足传统集中式环境业务系统的存储需求。

? 14. 什么是分布式存储?

分布式存储将数据分散存储在多个物理或逻辑存储单元上，这些单元通常位于不同的地理位置或网络节点上。这种架构旨在提高数据的可靠性、可用性、容错能力和扩展性。

《一体化"国网云" 第 1 部分：术语》（Q/GDW 11822.1—2018）对分布式存储进行了定义：一种采用水平扩展模式的、控制平面与数据平面分离的存储架构，底层硬件基于通用 X86 服务器，通过软件使 X86 服务器上的磁盘空间构成一个虚拟的存储设备，从而数据分散存储在多台服务器的硬盘上，提高系统的可靠性、可用性和存取效率，并且易于扩展。

? 15. 集中式存储与分布式存储的区别有哪些?

集中式存储和分布式存储是两种不同的数据存储架构，它们在架构、性能、可扩展性、可靠性和成本等方面有着显著的区别，具体如表 6-2 所示。

表 6-2 集中式存储与分布式存储的区别

类别	集中式存储	分布式存储
架构	所有数据都存储在单一的物理位置或服务器上	数据被分散存储在多个物理位置或服务器上，通常跨越不同的地理位置
可扩展性	扩展性受限于单个存储设备或服务器的容量和性能，增加存储容量可能需要更换更大的存储设备	通过增加更多的节点来扩展存储容量和性能，更加灵活和可扩展
性能	受到单个存储设备的限制，尤其是在高并发访问时	可以利用多个节点的并行处理能力，提高性能和吞吐量
可靠性和容错能力	单点的故障可能导致整个系统的瘫痪	通过数据复制和冗余存储提高系统的容错能力，即使某个节点失效，数据仍然可以被访问
数据访问	所有数据访问都通过单一的存储设备，可能成为性能瓶颈	数据访问可以分散到多个节点，减少单个节点的负载

类别	集中式存储	分布式存储
数据一致性	数据一致性较易管理，因为所有数据都在一个地方	需要复杂的一致性协议来确保跨多个节点的数据一致性
安全性	安全措施需要集中在一个点上，一旦被突破，整个系统可能面临风险	可以通过多个节点上分散风险来提高安全性
成本	初期投资可能较低，但随着数据量的增长，扩展成本可能较高	初期可能需要更多的投资来建立多个节点，但长期来看，由于其可扩展性，成本可能更低
维护和复杂性	维护相对简单，因为所有数据都在一个地方	维护可能更复杂，需要管理多个节点和网络连接
适用场景	适合数据量不大、访问模式较为简单的场景	适合大数据、高并发访问和需要高可靠性的场景

总体来说，分布式存储在可扩展性、可靠性和性能方面通常优于集中式储能，但也需要更复杂的管理和维护。选择哪种存储方式取决于具体的业务需求和预算。

16. 什么是微服务架构?

微服务架构是一种软件开发方法，它将应用程序分解为一组较小、松散耦合的服务，每个服务实现特定的业务功能，并可以独立部署和扩展。微服务架构具备小型化、独立性、敏捷性等特点，不同的服务可以使用不同的编程语言和数据存储技术，可根据需求对单个服务进行扩展，一个服务的故障也不会影响到其他服务，提高了系统的稳定性。

《一体化"国网云"第1部分：术语》（Q/GDW 11822.1—2018）对微服务架构进行了定义：一种新兴的、基于分布式模式的软件架构，其核心思想是把一个大型的应用程序拆分为若干个服务模块，每个服务模块承担单一职责、模块化、相对独立的一段业务逻辑，可独立部署、独立运行，并采用轻量级的通信机制互相配合为用户提供最终价值。每个微服务可根据业务性能需要进行独立扩展。

17.　什么是物联网?

物联网是一个由互联网、传统电信网、传感器网络等多种网络组成的网络概念,它允许物与物、人与物、人与人之间通过信息传感设备(如射频识别 RFID、红外传感器、全球定位系统 GPS 和网络传感器等)与网络连接,实现智能化识别、定位、跟踪、监控和管理等。

物联网的核心在于"物物相连",即通过嵌入式系统在各种日常物品中嵌入微型芯片,使其智能化,并能够通过网络互相通信和协作。这种连接不局限于计算机等传统意义上的"智能"设备,还包括各种传统上不被视为计算设备的物品,如家电、汽车、工业设备等。

物联网使得各种设备能够相互连接,实现数据的交互和通信,实现设备的自动控制和管理;通过数据分析和人工智能技术,提供智能决策支持。物联网的应用场景非常广泛,包括但不限于智能家居、智慧城市、工业物联网、健康医疗、物流和供应链管理等,随着技术的进步,物联网正在逐步渗透到生活的各个方面,为提高效率、降低成本、改善生活质量提供支持。

《物联网　术语》(GB/T 33745—2017)中对物联网进行了定义:通过感知设备,按照约定协议,连接物、人、系统和信息资源,实现对物理和虚拟世界的信息进行处理并作出反应的智能服务系统。

18.　什么是电力物联网?

电力物联网是物联网技术在电力系统中的应用,它涉及电力系统发电、输电、变电、配电、用电等各个环节。电力物联网通过实现电力系统各环节的万物互联和人机交互,具备状态全面感知、信息高效处理、应用便捷灵活的特征,是一种智慧服务系统。

电力物联网的核心在于实现电力系统各个环节的实时互联与动态交互，不仅具备网络与控制的双重属性，还具有实时性、高效性、可靠性及包容性等优点。

《电力物联网体系架构与功能》（DL/T 2459—2021）中对电力物联网进行了定义：在电力领域应用的物联网，充分应用移动互联、人工智能等现代信息技术、先进通信技术，对电力系统状态全面感知、信息高速处理，支撑电力行业数字化的智能服务系统。

19. 电力物联网的体系架构与功能是什么?

电力物联网层级架构可包括感知层、网络层、平台层、应用层。《电力物联网体系架构与功能》（DL/T 2459—2021）给出了电力物联网的层级架构，具体如图 6-3 所示。

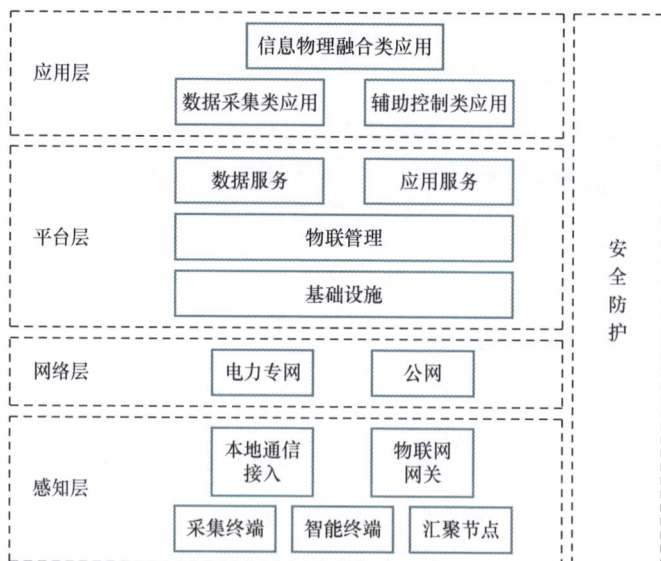

图 6-3 电力物联网层级架构

感知层：是电力物联网的"神经末梢"，是电力物联网架构中的第一层，也是整个系统与物理世界直接交互的部分，它通过各种传感器、智能电表、监测设备等收集和感知电力系统中的各种信息（如电压、电流、功率、温度、湿度、运行状态等），并将这些信息转换成可以被网络处理的数字信号。在某些情况下，感知层的设备也可具备边缘计算能力，可以在数据上传到中央处理系统之前进行初步的处理和分析。感知层是实现电网智能化、自动化和信息化的基础，它为上层的网络层、平台层和应用层提供了必要的数据支持。

网络层：是整个电力物联网架构中负责数据传输的关键部分，它连接着感知层和平台层，确保从感知层收集的数据能够安全、高效地传输到平台层进行进一步的处理和分析。网络层为电力系统的高效运行和决策提供了坚实的数据传输基础。

平台层：是电力物联网的"大脑"，是电力物联网架构中的核心部分，位于网络层之上，应用层之下，主要负责数据的集中处理、分析和管理。平台层通过搭建数据中心、云平台的方式，对下完成网络层传输数据的实时收集与更新，对上则基于大数据存储与分析技术为各种特定的高级应用提供跨域共享数据资源。通过平台层，电力企业能够更好地管理电网资产，提高运营效率，优化资源配置，并为客户提供更加个性化和高质量的服务。平台层为电力系统的高效运行、智能管理和服务创新提供了强大的技术支持。

应用层：是整个物联网架构的最顶层，负责将处理后的数据应用到各个领域中，为用户提供具体的应用服务，对内提升客户服务水平、企业经营绩效、电网安全经济运行、促进清洁能源消纳，对外打造智慧能源服务平台、培育新兴业务，构建能源生态体系。应用层是实现数据价值、提供智能化服务和满足用户需求的关键层次。

《电力物联网体系架构与功能》（DL/T 2459—2021）给出了电力物联网的各层级功能要求。

感知层：感知层应具备数据采集、本地通信、汇集转发、集中校验、边缘计算、数据存储等功能，应包括但不限于采集终端、智能终端、汇聚节点、本地通信接入和物联网关。

网络层：网络层应具备设备间互联互通及数据通信等功能，包括电力专网和公网。

平台层：平台层应具备连接管理、设备管理、消息处理、应用管理、运行监控、远程维护管理、边缘计算管理、能力开放等功能，包括基础设施、物联管理、数据服务和应用服务。

应用层：应用层应具备数据服务及业务服务等功能，包括传统类电力物联网应用和信息物理融合类电力物联网应用。

20. 什么是边缘计算？

边缘计算是一种分布式计算框架，它将计算、存储和网络服务从中心化的数据中心扩展到网络的边缘，即更接近数据源或用户的地方。这种计算方式旨在提高处理速度、减少延迟、节省带宽，并提高数据的安全性和隐私性。

《配电物联网技术规范》（Q/GDW 12324—2023）对边缘计算进行了定义：靠近数据源端并采用网络、计算、存储、应用核心能力为一体的开放平台，就近提供本地化服务，其应用程序在边缘侧发起，产生更快的网络服务响应，满足实时业务、应用智能、安全与隐私保护等方面的基本需求。

21. 什么是边缘物联代理？

边缘物联代理是一种部署在电力物联网应用场景中的关键边缘节点的设备或软件模块，主要负责实现各类物联网传感器及采集终端的统一接入、协议解析和就近智能分析计算。它结合了边缘计算和代理技术，通过在边缘节点上部署代理软件来实现对物联设备的管理、控制和数据处理。边缘物联代理将计算和数据处理从云端转移到网络边缘，可以减少数据传输的延迟，提高系统的整体性能和响应速度。

《边缘物联代理技术要求》（Q/GDW 12113—2021）中对边缘物代理的功能进行了定义：边缘物联代理位于电力物联网的感知层，利用设备本地通信接口对各类传感器、终端等设备接入并统一管理，通过协议解析将业务数据提取、汇聚及存储，并按物联模型要求进行标准化建模，利用边缘计算能力对业务数据处理后发送至平台层。边缘物联代理应具备协议解析、数据存储及处理、设备信息建模、边缘计算、设备管理、安全防护等功能模块，宜具备本地通信、远程通信等功能模块。

22. 边缘物联代理与边缘计算有哪些区别?

边缘物联代理和边缘计算都是物联网领域中的关键技术，但它们有着不同的侧重点和功能，具体如表 6-3 所示。

表 6-3　　　　　　　　　　　边缘物联代理与边缘计算的区别

类别	边缘物联代理	边缘计算
概念	它是一种新型的物联网技术应用，主要从网络架构上优化了原有的物联网架构，使得网络的边缘节点能够拥有智能化的运行能力，更加快速、高效地处理数据	它是一种将数据处理和应用服务部署在靠近数据源头的边缘设备上的计算模式，从而降低网络延迟，提高响应速度，同时也可以减轻云端的计算压力，提高整体系统的可靠性和安全性
功能	在物联网中扮演的角色类似于网关，但相对于传统的物联网关，边缘物联代理执行的任务更为复杂和抽象。它拥有智能化的运行能力，可以对接传感器等设备的数据，并将这些数据进行处理、分析和存储，然后将处理结果传输到云端，供云端应用	侧重于在数据产生的"边缘"位置（如设备本身）直接处理数据，而不是像以前那样把数据传到很远的云服务器再处理，这样可以减少延迟，节省带宽，并且更好地保护隐私
处理位置	在网络边缘位置，可以更加高效地处理数据，并且是实时的计算，因此减少了数据传输的延迟，并节省了一部分带宽资源	在靠近物或数据源头的网络边缘侧，通过融合网络、计算、存储、应用核心能力的分布式开放平台，就近提供边缘智能服务

类别	边缘物联代理	边缘计算
应用场景	适用于需要设备之间通信优化的场景，提高了整个物联网系统的可靠性和稳定性	适用于需要实时数据处理和分析的应用场景，如无人驾驶、智慧矿山等，对响应时间有极高要求

总的来说，边缘物联代理更侧重于物联网设备的数据管理和智能化处理，而边缘计算则侧重于在网络边缘进行数据的实时处理和分析，两者共同推动了物联网技术的发展和应用。

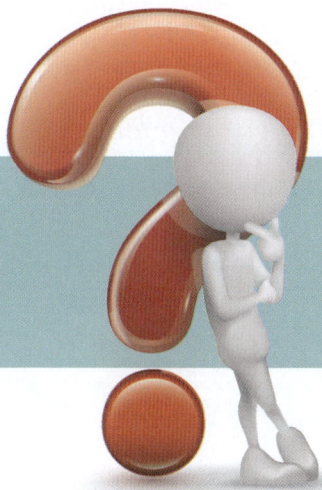

第七章　新型经营主体

1. 什么是新型经营主体?

新型经营主体是具备电力、电量调节能力且具有新技术特征、新运营模式的配电环节各类资源,分为单一技术类新型经营主体和资源聚合类新型经营主体。其中,单一技术类新型经营主体主要包括分布式光伏、分散式风电、储能等分布式电源和可调节负荷;资源聚合类新型经营主体主要包括虚拟电厂(负荷聚合商)和智能微电网。虚拟电厂是运用数字化、智能化等先进技术,聚合分布式电源和可调节负荷等,协同参与系统运行和市场交易的电力运行组织模式。智能微电网是以新能源为主要电源、具备一定智能调节和自平衡能力、可独立运行也可与大电网联网运行的小型发配用电系统。配电环节具备相应特征的源网荷储一体化项目可视作智能微电网。

2. 什么是虚拟电厂?

虚拟电厂(virtual power plant,VPP)是一种新型的能量管理和协调系统,它通过信息技术和软件系统聚合分布式能源资源,参与电力市场和电网运行。虚拟电厂本质上是一套软件平台系统,它聚合了现有的分布式资源,并通过协同控制,参与电力市场。它不是一个真实的电厂,但是起到了电厂的作用:发出电能,参与能量市场;通过调节功率来参与辅助服务市场调峰、调频等。虚拟电厂作为一个特殊电厂参与电力市场和电网运行,对外可等效成一个可控的电源管理系统。这个系统对外既可作为一个"正电厂"向系统供电,也可作为"负电厂"消纳系统电力。

虚拟电厂将多种分布式能源聚合在一起,实现其整体出力的稳定可靠性,为电网提供高效的电能,从而保证其并网的稳定性和安全性。与传统电厂相比,虚拟电厂的构成资源更多样化、更具环保性、在电力市场中也更具竞争力。

《电力物联网术语》（Q/GDW 12098—2021）中对虚拟电厂的定义为：通过运用协调控制技术、智能计量技术以及信息通信技术，以作为一个特殊电厂参与电力市场和电网运行的电源协调管理系统，能够实现分布式电源、储能系统、可控负荷、电动汽车等分布式能源的聚合和协调优化。

3. 虚拟电厂有哪些分类？

虚拟电厂可以根据其服务能力和特征分为以下几种类型：

电源型虚拟电厂。具有能量出售的能力，可以参与能量市场，并根据实际情况参与辅助服务市场。

负荷型虚拟电厂。具有功率调节能力，可以参与辅助服务市场，但其能量出售属性不足。

储能型虚拟电厂。可以参与辅助服务市场，也可以在某些时段通过放电出售电能。

混合型虚拟电厂。扮演全能型角色，综合了上述几种类型的特点。

此外，虚拟电厂还可以根据其涵盖的内部资源类型进一步分类：

需求响应型虚拟电厂。单纯由可调负荷构成，包括基于电价的可转移负荷、基于激励的可中断负荷等。

供应侧虚拟电厂。单纯由发电单元构成，由分布式发电机组、分布式储能装置等组成。

混合资产型虚拟电厂。由分布式发电机组、储能及可控负荷等资源共同组成，通过能量管理系统的优化控制，实现更为安全、可靠、清洁的供电。

4. 虚拟电厂与传统电厂有哪些区别？

虚拟电厂与传统电厂在多个方面存在显著区别，具体如表 7-1 所示。

表 7-1   虚拟电厂与传统电厂的区别

类别	传统电厂	虚拟电厂
物理存在	实体存在的发电设施，如燃煤电厂、水电站、核电厂等，发电资源单一	不具有实体存在，它通过软件平台聚合分布式能源（如太阳能、风能、储能设备、可控负荷等），并进行统一管理和调度
地理分布	通常位于资源集中的地区，如煤矿附近或水力资源丰富的地区	可以分布在电网的任何地方，不受地理位置的限制
规模和扩展性	规模通常较大，扩展性受限于物理设施的扩建	规模灵活，可以根据需要快速扩展或缩减资源
资产性质	对管理辖区内的发电资产具有所有权	虚拟电厂是电网聚合商，并不一定对内部的分布式资源具有所有权
资源聚合	通常依赖单一或少数几种能源进行发电，如煤炭、核燃料或水力等	聚合多种分布式能源资源，包括可再生能源和非可再生能源，以及储能和需求侧管理资源等
运行方式	根据电网的调度指令进行生产与运行	需要虚拟电厂所辖的分布式资源之间相互配合、协同合作，执行虚拟电厂的调度指令
技术依赖	依赖于机械和电气工程技术	依赖于先进的信息技术，如云计算、大数据分析、人工智能、物联网等
灵活性和响应速度	响应电网需求变化的能力有限，特别是对于快速变化的负荷需求	具有更高的灵活性和响应速度，可以快速调整输出以适应电网需求的变化
市场参与	通常作为电力市场的供应商，直接向电网供电	不仅可供电，还可以参与电力市场和辅助服务市场，提供调频、调峰等多种服务
投资和运营成本	需要巨额的前期投资建设，运营成本包括燃料成本和设备维护等	前期投资较低，主要成本在于软件开发、维护和能源资源的协调管理
环境影响	尤其是燃煤和燃气电厂，会产生温室气体和其他污染物，对环境造成影响	倾向于使用清洁能源，减少碳排放，更加环保
政策和监管	受到严格的环境和安全监管	虽然也受到监管，但更多侧重于数据安全和市场规则

虚拟电厂的出现是对传统电力系统的一种补充和革新，它们提供更高的灵活性和效率，有助于更好的整合可再生能源，提高电网的稳定性和可靠性。

5. 什么是微电网?

微电网是一种小型的电力系统，它由一组分布式能源资源组成，这些资源可以包括太阳能、风能、储能设备、柴油发电机等，它们连接到一个局部的电网中。微电网可以在与主电网连接的情况下运行，也可以在与主电网断开连接时独立运行。

《微电网接入电力系统技术规定》（GB/T 33589—2017）中对微电网进行了定义：由分布式发电、用电负荷、监控、保护和自动化装置等组成（必要时含储能装置），是一个能够基本实现内部电力电量平衡的小型供用电系统。微电网分为并网型微电网和独立型微电网。

6. 什么是并网型微电网?

并网型微电网是一种将微型电源、储能系统、负荷以及电力电子设备等组成的局域电网与主电网连接并交互运行的系统。

《微电网接入电力系统技术规定》（GB/T 33589—2017）中对并网型微电网进行了定义：既可以与外部电网并网运行，也可以独立运行，且以并网运行为主的微电网。

7. 并网型微电网有哪些特点?

并网型微电网的关键特点主要体现在以下几个方面：

一是并网能力。并网型微电网既可以与外部电网并网运行，也可以在需要时离网独立运行。这种灵活性使得并网型微电网能够根据电网状态和自身需求在并网和离网模式之间切换。

二是电力交换。并网型微电网与外部电网之间可以进行电能的双向交换。在电力充足时，微电网可以将多余的电能输送到大电网中；在电力不足时可以从大电网获取电能。

三是供电可靠性。在电网故障时，微电网能够迅速切换到孤岛运行模式，继续为重要负荷供电，减少停电时间和停电范围。

四是促进可再生能源消纳。并网型微电网可以整合多种分布式可再生能源，通过优化控制和储能装置的配合，有效解决可再生能源的间歇性和波动性问题，提高可再生能源的利用率。

五是提升能源利用效率。并网型微电网能够根据用户的需求和能源价格等因素，灵活调整各分布式电源的出力，实现能源的就地生产和消纳，减少电能在传输过程中的损耗。

六是应用场景广泛。并网型微电网广泛应用于居民小区、工业园区、商业区、偏远地区等场景。在这些场景中，微电网可以利用当地的可再生能源，结合储能系统和负荷控制，实现局部自治和稳定运行，提高电力供应的可靠性和经济性。

这些特点使得并网型微电网成为一种灵活、可靠、高效和环境友好的电力供应解决方案，尤其适用于需要与主电网互动的场景。

8. 什么是独立型微电网?

独立型微电网是一种不与外部主电网连接的微电网系统，它完全依靠自身的发电资源、储能设备和负荷管理来实现电力的自给自足。

《独立型微电网运行管理规范》（DL/T 1863—2018）对独立型微电网进行了定义：不与外部电网联网，实现电能自发自用、电力电量平衡的微电网。

9. 独立型微电网有哪些特点?

独立型微电网的特点主要体现在以下几个方面：

一是独立供电。独立型微电网不依赖外部电网，能够独立地为其内部负载提供电力。

二是自给自足。这种微电网通常包含多种发电资源，如太阳能、风能、柴油发电机等，以及储能系统，以确保电力供应的连续性和稳定性。

三是黑启动能力。独立型微电网应具备黑启动能力，即在没有任何外部电源的情况下，能够自行启动并逐步恢复电力供应。

四是灵活性。虽然独立型微电网不与外部电网连接，但它们可以根据需要设计成在特定情况下与外部电网并网运行。

五是经济性。在某些情况下，尤其是偏远地区，建立独立型微电网可能比扩展主电网更经济。

六是适用场景。独立型微电网由于不需要与主电网连接，特别适合于偏远地区、孤岛等难以接入主电网的区域。

独立型微电网是提高能源供应安全性和可靠性的重要解决方案，特别是对于那些难以接入传统电网的地区。

10. 什么是微电网黑启动?

微电网黑启动是指在整个微电网因外部或内部故障停运进入全黑状态后，不依靠大电网或其他微电网的帮助，仅通过启动微电网内部具有黑启动能力的微源，进而带动微电网内无黑启动能力的微源，逐步扩大系统的恢复范围，最终实现整个微电网的重新启动。微电网黑启动需要具备自启动能力，即利用储能单元或者具有自启动能力的发电机组作为黑启动的初始电源。

《独立型微电网运行管理规范》（DL/T 1863—2018）对黑启动进行了定义：微电网在全部停电后，只依靠内部分布式电源完成启动的过程。

11. 什么是微电网能量管理系统?

微电网能量管理系统（Energy Management System of Microgrids， EMSM）

是一套集成的软件和硬件系统，它用于控制和管理微电网中的电力生产、分配和消费，具备实时监控与控制、优化调度、负荷管理、故障管理和恢复、预测与规划等功能，是微电网实现智能化、自动化和高效运行的关键技术。它通过集成多种技术和控制策略，提高了微电网的可靠性和经济性。

《微电网工程设计标准》（GB/T 51341—2018）对微电网能量管理系统进行了定义：一种计算机系统，包括提供基本支持服务的软硬件平台，以及保证微电网内发电、配电、用电设备安全经济运行的高级应用软件。

12. 虚拟电厂与微电网有什么区别?

虚拟电厂与微电网在聚合范围、物理结构等方面均有差别，具体如表 7-2 所示。

表 7-2　　　　　　　　　　　　虚拟电厂与微电网的区别

类别	虚拟电厂	微电网
聚合范围	可以跨区域聚合分布式资源，覆盖范围更广，能够整合多个用户或园区的能源资源	通常局限于一个较小的地理区域内，如一个社区或工厂，覆盖范围较小
物理结构	没有实际的物理网络结构，它通过软件平台系统实现资源整合和调度	具有实际的电力线路和配电设施，是一个具有物理形态的局部电网
与电网连接点	不受地域限制，可与配电网有多个公共连接点，自身不一定具备独立的电网结构	局部能源聚合，一般只在某公共连接点接入配网
与电网连接方式	不改变聚合的分布式能源的并网形式，更侧重于通过信息通信等技术聚合	在聚合分布式能源时需要对电网进行拓展，改变电网的物理结构
运行模式	依赖于实时数据和智能算法进行资源调度，可以参与电力市场和电网运行的电源协调管理	通过内部的物理设备实现电力的自给自足，既可以与外部电网并网运行，也可以孤立运行
侧重功能	侧重于实体供应商主体利益最大化，具有电力市场经营能力，以一个整体参与电力市场和辅助服务市场	侧重于分布式能源和负荷就地平衡，实现自治功能

续表

类别	虚拟电厂	微电网
市场参与	作为一个整体参与电力市场,可以进行电力交易和提供电网辅助服务	可能作为一个小的电力供应商参与市场,更侧重于局部的供电和服务
技术依赖	更依赖于信息通信技术,如云计算、大数据分析等	更侧重于电力电子技术和能量管理系统,如逆变器和智能开关等
投资成本	相对较低,因为不需要大规模的物理设施建设	需要较大的初期投资用于建设电力线路和配电设施
发展阶段	一种新型的电网管理平台,目前还处于发展阶段	相对成熟,已有多个成功运行的案例

　　总体来说,虚拟电厂侧重于通过软件平台跨区域整合分布式能源资源,而微电网则是一个具有物理结构的局部电网,能够在一定区域内实现电力的自给自足。两者在聚合范围、物理结构、运行模式、市场参与等方面存在明显差异。

13.　什么是源网荷储一体化?

　　源网荷储一体化是一种新型的电力系统运行模式,通过将电源、电网、负荷和储能进行优化整合,最大化利用能源资源,实现电力系统的优化配置和高效运行。

　　源(发电):包括传统的火电、水电,以及新能源发电(如风能、太阳能发电等)。为电力系统提供电能,不同电源之间相互补充,形成多元化的能源供应体系。

　　网(电网):电网是电力传输的基础设施,负责将电能从发电端输送到用户端。根据发电、用电和储能状态灵活调度电力资源,实现精准调控,确保电力系统的供需平衡。电网的灵活性和智能化程度直接影响电力系统的运行效率。

荷（用电）：指电力系统的用电负荷，包括工业、商业和居民用电等。通过需求侧管理，可以调节用电负荷，优化电力资源配置。

储（储能）：储能系统（如电池储能、抽水蓄能等）可以在电力过剩时储存电能，在电力不足时释放电能，起到"削峰填谷"的作用，增强电力系统的灵活性和稳定性。

14. 什么是电力现货交易市场?

电力现货交易市场是指在较短时间内（通常为日前、日内或实时）进行的电力交易，其交易的电力通常用于满足近期的电力需求。电力现货市场的主要目的是通过市场竞争形成分时市场出清价格，优化电力资源的时空配置，提高电力系统运行效率和灵活性。

电力现货交易市场就像是一个大的电力超市，各类市场主体在这里进行电力的买卖。各种对应关系如表 7-3 所示。

表 7-3 电力现货交易市场各主体功能

电力现货交易市场主体	电力超市角色	功能
发电企业	超市供应商	将生产的电力提供给市场
售电公司	经销商	从发电企业购买电力，再转售给电力用户
电力用户	消费者	根据自己的需求购买电力
电网企业	超市配送员	负责将电力安全、稳定地输送到各个用户
市场运营机构	超市管理员	制定交易规则，确保交易的公平、公正、公开

在电力现货交易市场中，电力现货价格并非固定不变，而是由实时的供需关系决定。当电力需求旺盛，而发电供应相对不足时，就像超市里某种商品供不应求，价格自然上涨。相反，当用电需求低迷，发电供应过剩时，价格便会下跌。同时，发电成本、电网传输能力等因素也会对价格产生影响。

15. 电力现货交易的类型有哪些?

电力现货交易主要有日前交易、日内交易、实时交易三种类型。

日前交易:在运行日前一天进行的交易,用于确定运行日的机组组合状态和发电计划。即发电企业和电力用户等市场主体会在前一天提交次日的电力供应和需求报价,为市场主体提供较为充裕的时间来规划电力生产和使用。

日内交易:在运行日滚动进行的交易,用于调整运行日未来数小时的调度机组组合状态和发电计划。日内交易的时间间隔相对较短,灵活性更高,能及时解决电力供需的临时失衡问题。如天气的突然变化,导致光伏发电量大幅下降,就可以通过日内交易来快速调整电力供应。

实时交易:在运行日进行的交易,用于确定运行日未来 15min～2h 的最终调度资源分配状态和计划。主要用于平衡电力系统的实时供需,确保电力系统的稳定运行。如用电高峰时段,电力需求突然激增,实时交易可以让发电企业迅速增加发电出力,满足用户需求。

16. 电力现货交易的价格机制有哪些?

电力现货交易的价格机制主要有两种,一种是按各市场主体的报价结算,另一种是按照边际出清价格结算。这里重点说一下边际出清价格。

边际出清价格:指在电力现货市场中,按照报价从低到高的顺序逐一成交电力,直至满足所有负荷需求时,最后一个成交的发电机组的报价,即为边际出清价格,它反映了电力市场中电力商品的短期供求关系。如:企业 A,报价 0.4 元/kWh,发电能力 100 万 kWh;企业 B,报价 0.45 元/kWh,发电能力 200 万 kWh;企业 C,报价 0.5 元/kWh,发电能力 300 万 kWh;企业 D,报价 0.55 元/kWh,发电能力 100 万 kWh。而电力用户的总需求是 500 万 kWh。按照市场出清规则,从报价最低的企业开始依次满足需求,依次为企业 A、企业 B、企业 C，到企业 C 时满足电力用户需求，此时企业 C 的报价 0.5 元/kWh 就是边际出清价格。即企业 A、B、C 均按 0.5 元/kWh 的价格进行结算。

17. 什么是电力辅助服务市场?

在介绍电力辅助服务市场之前，需要先了解电力辅助服务。

电力辅助服务是指为维持电力系统安全稳定运行，保证电能质量，除正常电能生产、输送、使用外，由可调节资源提供的调峰、调频、备用、爬坡等服务。

电力辅助服务市场是指经营主体通过市场化机制提供辅助服务，并基于市场规则获取相应收益的市场运行机制。

经营主体主要包括发电企业、售电企业、电力用户和新型经营主体（含储能企业、虚拟电厂、智能微电网、车网互动运营企业等）。提供电力辅助服务的经营主体主要是指满足电力市场要求，具备可观、可测、可调、可控能力的主体，主要包括火电、水电、新型经营主体等可调节资源。

18. 电力辅助服务市场的种类有哪些?

电力辅助服务市场的种类主要包括调峰服务、调频服务、备用服务、爬坡服务等。

调峰服务：指经营主体为跟踪系统负荷的峰谷变化和可再生能源的出力变化，根据调度指令或者出清结果调整发用电功率（包括设备启停）所提供的服务。

调频服务：指经营主体为减少系统频率偏差（或联络线控制偏差），通过调速系统、自动功率控制等所提供的服务。调频主要为二次调频服务。二次调频服务是指经营主体通过自动功率控制技术，包括自动发电控制（AGC）、自动功率控制（APC）等，提供的有功出力调整服务。

备用服务：指为满足系统安全运行需要，经营主体通过预留调节能力，并在系统运行需要时于规定时间内调整有功出力的服务。

爬坡服务：指经营主体为应对可再生能源发电波动等不确定因素带来的系统净负荷短时大幅变化，具备较强负荷调节速率的经营主体根据调度指令调整出力，以维持系统功率平衡所提供的服务。

附录　参考标准清单

[1]　《配电自动化技术导则》（DL/T 1406—2015）

[2]　《配电自动化系统终端技术规范》（Q/GDW 11815—2023）

[3]　《配电自动化终端设备检测规程》（DL/T 1529—2024）

[4]　《配电线路故障指示器技术规范》（Q/GDW 436—2010）

[5]　《配电线路故障指示器通用技术条件》（DL/T 1157—2019）

[6]　《配电网分布式馈线自动化技术规范》（DL/T 1910—2018）

[7]　《配电网智能分布式馈线自动化技术规范》（Q/GDW 12321—2023）

[8]　《继电保护和安全自动装置技术规程》（GB/T 14285—2023）

[9]　《分布式电源孤岛运行控制规范》（Q/GDW 11272—2023）

[10]　《10（20）kV 配电网保护技术规范》（Q/GDW 12474—2024）

[11]　《电能计量装置技术管理规程》（DL/T 448—2016）

[12]　《电能量计量系统设计规程》（DL/T 5202—2022）

[13]　《电能计量装置通用设计》（Q/GDW 10347—2023）

[14]　《用电信息采集系统功能规范》（Q/GDW 10973—2019）

[15]　《电力需求响应系统技术导则》（Q/GDW 11568—2016）

[16]　《电力用户有序用电价值评估技术导则》（DL/T 1764—2017）

[17]　《电力通信网规划设计技术导则》（Q/GDW 11358—2019）

[18]　《配电网规划设计规程》（DL/T 5542—2018）

[19]　《终端通信接入网工程典型设计规范》（Q/GDW 1807—2012）

[20]　《电力通信网信息安全 第 5 部分：终端通信接入网》（Q/GDW 11345.5—2020）

[21]　《终端通信接入网设备网管北向接口及检测规范　第 4 部分：电力线载波部分》(Q/GDW 11949.4—2018)

[22]　《国家电网通信管理系统规划设计　第 10 部分：终端通信接入网》(Q/GDW 1872.10—2013)

[23]　《配电物联网技术规范》(Q/GDW 12324—2023)

[24]　《电能质量　术语》(GB/T 32507—2024)

[25]　《电能质量评估技术导则》(Q/GDW 10651—2023)

[26]　《电能质量评估技术导则　供电电压偏差》(DL/T 1208—2013)

[27]　《电能质量评估技术导则　电压波动和闪变》(DL/T 1724—2017)

[28]　《电能质量　电压暂升、电压暂降与短时中断》(GB/T 30137—2024)

[29]　《电压暂降与短时中断评价方法》(Q/GDW 1818—2013)

[30]　《电能质量评估技术导则　三相电压不平衡》(DL/T 1375—2014)

[31]　《电能质量　电力系统频率偏差》(GB/T 15945—2008)

[32]　《电能质量现象分类》(NB/T 41004—2014)

[33]　《电力系统电能质量技术管理规定》(DL/T 1198—2013)

[34]　《电能质量治理技术导则》(Q/GDW 12314—2023)

[35]　《信息技术　云计算　概览与词汇》(GB/T 32400—2015)

[36]　《一体化"国网云"　第 1 部分：术语》(Q/GDW 11822.1—2018)

[37]　《电力物联网术语》(Q/GDW 12098—2021)

[38]　《电力物联网业务中台技术要求和服务规范》(Q/GDW 12103—2021)

[39]　《数据中台数据安全指南》(Q/GDW 12408—2024)

[40]　《电力物联网数据中台技术和功能规范》(Q/GDW 12104—2021)

[41]　《物联网　术语》(GB/T 33745—2017)

[42]　《电力物联网体系架构与功能》(DL/T 2459—2021)

[43]　《配电物联网技术规范》(Q/GDW 12324—2023)

[44] 《边缘物联代理技术要求》（Q/GDW 12113—2021）

[45] 《微电网接入电力系统技术规定》（GB/T 33589—2017）

[46] 《独立型微电网运行管理规范》（DL/T 1863—2018）

[47] 《微电网工程设计标准》（GB/T 51341—2018）

[48] 《电力物联网术语》（Q/GDW 12098—2021）